绿色数据中心运行技术及实践

吴杏平　刘　军　彭元龙◎编著

中国电力出版社
CHINA ELECTRIC POWER PRESS

内 容 提 要

本书结合国家"双碳"战略和数据中心技术发展,对绿色数据中心运行技术及实践进行介绍。本书内容涵盖数据中心基本概念、绿色低碳发展趋势、碳核算及低碳管理、IT 设备功率管理技术、算力资源能耗优化、清洁能源利用和电网互动、数字孪生、制冷系统能耗优化,同时还阐述了绿色数据中心低碳运行管理平台架构、设计和功能,以及绿色数据中心低碳运行管理平台及实践应用情况。

本书可供从事数据中心运行管理的工程技术人员或研究者参考,还适合对绿色数据中心感兴趣的社会各界人士阅读。

图书在版编目(CIP)数据

绿色数据中心运行技术及实践 / 吴杏平,刘军,彭元龙编著. -- 北京 : 中国电力出版社,2025. 6.
ISBN 978-7-5198-9813-7

Ⅰ. TP308

中国国家版本馆 CIP 数据核字第 202549XQ26 号

出版发行:中国电力出版社
地　　址:北京市东城区北京站西街 19 号(邮政编码 100005)
网　　址:http://www.cepp.sgcc.com.cn
责任编辑:刘　炽(liuchi1030@163.com)
责任校对:黄　蓓　王小鹏
装帧设计:张俊霞
责任印制:杨晓东

印　　刷:廊坊市文峰档案印务有限公司
版　　次:2025 年 6 月第一版
印　　次:2025 年 6 月北京第一次印刷
开　　本:710 毫米×1000 毫米　16 开本
印　　张:14
字　　数:217 千字
定　　价:98.00 元

本书编审人员

闫龙川　牛佳宁　张林锋　刘万涛　蒋从锋

李　彬　郭永和　何永远　高德荃　欧阳述嘉

武志栋　李伟良　林　楠　李　扬（男）

宋　杰　贾　涛　张乐丰　冯　峰　唐天悦

张大伟　龚红超　马嘉秀　李　妍

推荐序一

在"双碳"目标上升为国家战略的今天，我国正经历着能源革命与数字革命的深度交汇。作为数字经济的新型基础设施，数据中心既是算力革命的物理载体，也是能源转型的关键战场。本书《绿色数据中心运行技术及实践》的出版恰逢其时，以系统性思维和视角，为破解"算力提升"与"能耗控制"的二元悖论提供了科学路径，展现出独特的技术价值。

2023 年，全国数据中心耗电量达到 1500 亿 kW·h，占全社会用电量约 1.6%。当前，各类大模型开发和应用是全球人工智能技术的关注焦点。大模型的一次训练就消耗惊人的电力，各行各业积极使用大模型支撑业务工作，其总的推理能耗更是不容小觑。随着人工智能大模型技术不断成熟和广泛应用，数据中心智能算力的需求和能耗将快速增长。预计到 2030 年，全国数据中心能耗总量将超过 4000 亿 kW·h，非常值得从更系统更宏观的角度关注数据中心能耗和供电问题，将其作为新型电力系统中一类重要用电负荷对象加以研究。

在"东数西算"工程全面启动的背景下，数据中心的绿色化已不仅是技术命题，更是关乎国家能源安全与产业竞争力的战略课题。本书立足顶层设计，从绿色数据中心概念和碳足迹核算方法切入，构建起覆盖 IT 设备功率管理、算力调度、清洁能源利用、制冷系统优化等全要素的数据中心低碳运行技术体系。这种"全生命周期+全设备类型"的分析框架，打破了传统能效优化的碎片化局限，尤其值得称道的是书中对"电力-算力协同"的前瞻性探索——通过动态调节算力资源与电网负荷的跨时空匹配，将数据中心从电力消耗者转变为电网柔性调节的参与者，这种思考和探索对构建新型电力系统具有重要启示。

在实践层面，本书的价值更显突出。作者团队技术积累丰富，数据中心运营管理工程师、科研单位研究人员和电力高校教师精心编写，基于多年数据中心运营管理经验和新技术研究探索心得体会，阐述了 IT 设备功率管理技术，通用算力和智能算力能耗优化方法，分析数据中心算力和基础设施在可再生能源利用方面的潜力，提出了数据中心不同类型计算负载参与电网互动的策略，介绍了数据中心数字孪生技术及在制冷系统能耗优化方面的应用。此外，在实践应用部分，本书对机房液冷技术、分布式光伏等前沿技术的应用实践进行了介绍。本书不仅为从业者提供了即学即用的工具箱，更勾勒出数据中心低碳运行的技术蓝图。

站在全球气候治理与可持续发展的维度，本书的出版仍具有积极的意义。它不仅是技术指南，更是数据中心低碳运行管理的路线图；不仅服务于数据中心从业者，更为政策制定者、能源管理者、数字企业决策者提供了参考和借鉴。当"瓦特"与"比特"的化学反应催生出绿色算力新范式，我们终将见证：数字时代的可持续发展，始于每一台服务器的能效跃迁，成于每一度绿电的节约使用，而这正是本书带给数据中心绿色低碳技术发展的价值和贡献。

中国工程院院士

推荐序二

2025 年 1 月 20 日，农历大寒节气，DeepSeek 公司发布了具备推理能力的 6710 亿参数大模型 DeepSeek-R1，并同步开源了其模型权重。DeepSeek-R1 的发布在寒冬季节迅速掀起了一轮人工智能大模型热潮。DeepSeek 以计算机体系结构领域的算法技术创新和优化，大幅降低了千亿级参数大模型的训练成本。各类企业获取以 DeepSeek 为代表的高性价比大模型成本的逐步降低，将进一步催生人工智能在各行各业的应用。人工智能的广泛应用及赋能千行百业，又将进一步增大全社会对算力和数据中心的需求。

数据中心作为信息系统及信息服务的基础载体，是物理世界与数字世界的连接点。人工智能的广泛应用，离不开数据中心提供的海量算力基础设施。"人工智能的尽头是电力"，看似是一句玩笑话，实则道出了当前数据中心快速发展带来能耗激增的这一事实。中国信息通信研究院 2024 年 6 月发布的《中国绿色算力发展研究报告（2024 年）》指出，截至 2023 年底，我国数据中心 810 万在用标准机架总耗电量达到 1500 亿 kW·h，2023 年全社会用电量 92241 亿 kW·h，数据中心在用标准机架总耗电量占全社会用电量的 1.6%，数据中心碳排放总量为 0.84 亿 t。2023 年我国数据中心平均电能利用效率（PUE）为 1.48，与 2022 年的 1.54 相比有进一步下降。从世界范围看，2024 年 12 月，美国劳伦斯伯克利国家实验室发布的《2024 美国数据中心能源使用报告》也指出，2023 年美国数据中心总耗电量为 1760 亿 kW·h，占美国全社会用电量的 4.4%，并预计到 2028 年，美国数据中心的年度用电量将占社会总用电量的 6.7%～

12.0%。在如此庞大的数据中心耗电量基础上，进行绿色数据中心相关的算法、技术和运行管理创新，不仅具有重要的研究意义，更具有巨大的现实意义和经济价值。

《绿色数据中心运行技术及实践》这本书不仅涵盖了数据中心碳核算概念方法、IT设备功率管理、算力调度与能耗优化、制冷系统能耗优化等内容，还介绍了数据中心的运行管理实践。本书涉及内容丰富，结构完整，具有较强的系统性和实践性。本书的出版为当前绿色数据中心优化技术与变革实践提供了系统化的技术路径参考与实践指南。在"碳达峰碳中和"目标倒逼技术革命的今天，期待本书能成为数据中心从业者的价值参考，为构建可持续的数字文明贡献智慧力量。

我国正在加快能源绿色低碳转型变革，着眼"双碳"目标任务，积极发展清洁能源，构建新型电力系统，推动经济社会绿色低碳转型。未来的绿色数据中心将呈现"三体融合"特征：物理世界的能源网络、数字世界的算力网络、价值世界的碳流网络深度交织。当光伏板成为绿色数据中心的"第二处理器"，当余热回收管道变身"热能数据总线"，绿色数据中心的运营边界将突破物理限制，演化为新型能源互联网的关键节点。当我们以绿色为底色重新绘制数据中心的未来图景时，本书关于绿色数据中心的探讨，或许将开启未来通用人工智能变革的序章。

华中科技大学教授　

前　言

当前数字化已经渗透到我国经济社会发展的方方面面，与人民生产生活密切相关。数据中心作为支撑数字化的新型基础设施，随着数字化的发展而快速发展。据统计，目前我国数据中心年电能消耗已超过 1500 亿 kW·h，预计到 2030 年，这一数字将达到 4000 亿 kW·h，碳排放增长率将超过 300%。随着数据中心能耗的不断攀升和我国"双碳"战略政策的实施，数据中心高能耗问题和绿色低碳发展受到了广泛的关注。

为支撑能源电力数字化转型和新型电力系统建设，国家电网有限公司（以下简称"国家电网"）建立了两级的数据中心体系，在全国建设北京、上海和西安三个集中式数据中心，在经营区域内各省建立省级数据中心，支撑电网生产经营各项业务和近 10 亿人口的供电服务数字化。建设绿色低碳数据中心是国家电网落实国家"双碳"战略的不懈追求。

国家电网有限公司信息通信分公司（以下简称"国网信通公司"）作为国家电网信息通信领域专业公司，高度重视数据中心的低碳运行管理工作，结合多年的数据中心运行管理工作，开展了数据中心低碳运行技术研究与实践。为了让更多读者了解绿色数据中心低碳运行相关的技术和进展，国网信通公司组织专家编写了本书，旨在对绿色数据中心发展趋势、算力调度管理、制冷系统能耗优化、能耗管理平台等关键技术进行详细分析和论述。

本书分为 8 章，第 1 章主要介绍数据中心基本概念、我国"东数西算"工程、数据中心绿色低碳发展趋势。第 2 章论述数据中心碳核算概念、方法和低碳运行框架与关键技术。第 3 章从 IT 设备供电和功率管理的角度，介绍服务器功率模型、服务器功率超分配技术和集群功率控制技术。第 4 章从算力低碳运行角度，对通用算力、智能算力的调度与能耗优化技术进行详细阐述。第 5 章在第 4 章基础上，进一步结合电网互动和清洁能源利用，讨论数据中心工作负载调度和电网需求响应技术。第 6～7 章主要介绍数字孪生技术及在制冷系统能耗优化中的应用，第 6 章阐述数据中心数字孪生概念、建模方法、能耗优化的方法，第 7 章结合数据中心的实际运行情况，介绍基于数字孪生技术对制冷系统能耗进行优化方法。第 8 章综合上述研究成果，阐述绿色数据中心低碳运行管理平台架构、设计和功能，以及绿色数据中心运行实践情况。

由于绿色数据中心低碳运行技术还处在不断演进发展过程之中，相关技术仍在快速发展变化之中，加之编者的知识水平有限，书中难免存在疏漏，恳请各位读者批评指正。

编者

2024 年 12 月

目 录

推荐序一

推荐序二

前言

第1章 概论 ·· 1

1.1 **数据中心** ·· 1

   1.1.1 数据中心概念 ·· 1

   1.1.2 数据中心组成 ·· 3

   1.1.3 我国数据中心发展现状 ·· 8

1.2 **我国"东数西算"工程** ·· 9

   1.2.1 整体布局 ·· 9

   1.2.2 节点定位 ·· 10

1.3 **"双碳"政策与绿色数据中心** ·· 11

   1.3.1 数据中心能耗构成 ·· 11

   1.3.2 温室效应和"双碳"政策 ·· 12

   1.3.3 数据中心绿色低碳相关标准和规范 ·· 14

   1.3.4 绿色数据中心能效指标 ·· 15

1.4 **数据中心的发展趋势** ·· 18

1.5 **本书组织结构** ·· 20

1.6 **本章小结** ·· 21

第2章 数据中心碳核算及低碳管理 ·· 22

2.1 **碳足迹核算** ·· 22

   2.1.1 基本概念 ·· 23

　　　2.1.2　碳核算范围 ································ 25

　2.2　数据中心生命周期划分 ····················· 27

　2.3　数据中心全生命周期碳核算方法 ·············· 29

　　　2.3.1　确定温室气体种类 ······················ 29

　　　2.3.2　划分核算范围 ·························· 29

　　　2.3.3　收集活动水平数据和相应的排放因子 ······· 32

　　　2.3.4　计算数据中心碳排放量 ················· 35

　2.4　数据中心低碳管理 ························· 35

　　　2.4.1　IT 设施低碳运行 ····················· 38

　　　2.4.2　基础设施低碳运行 ····················· 40

　　　2.4.3　清洁能源使用 ························ 41

　2.5　本章小结 ······························· 41

第3章　数据中心 IT 设备功率管理技术 ··············· 42

　3.1　基本概念 ······························· 42

　　　3.1.1　数据中心供电架构 ····················· 42

　　　3.1.2　处理器动态调频调压与功率封顶 ········· 44

　3.2　基于机器学习的服务器功率预测 ·············· 46

　　　3.2.1　服务器功率模型 ······················ 46

　　　3.2.2　服务器功率预测 ······················ 47

　3.3　数据中心功率超分配技术 ··················· 49

　3.4　服务器集群功率控制技术 ··················· 56

　3.5　本章小结 ······························· 62

第4章　数据中心算力资源能耗优化技术 ·············· 63

　4.1　通用算力资源管理技术 ····················· 63

　　　4.1.1　基本概念 ·························· 64

　　　4.1.2　基于强化学习的虚拟机能耗感知调度方法 ··· 66

　4.2　智能算力资源管理技术 ····················· 72

4.2.1　基本概念 ……………………………………………… 72

4.2.2　基于任务分类与懒同步的智能算力能耗优化 ……… 73

4.2.3　典型分布式机器学习负载的分类与预测方法 ……… 76

4.2.4　分布式机器学习节点间参数"懒同步"机制 ……… 80

4.3　本章小结 ………………………………………………… 85

第5章　数据中心清洁能源利用和电网互动技术 ……… 86

5.1　数据中心清洁能源利用和参与电网互动背景 ……… 86

5.1.1　数据中心参与新型电力系统需求响应发展潜能 … 86

5.1.2　面向清洁能源利用的数据中心参与电网互动政策及

标准 ……………………………………………… 88

5.2　数据中心的清洁能源利用 ……………………………… 90

5.2.1　数据中心的能耗模型 ………………………………… 91

5.2.2　数据中心工作负载 …………………………………… 96

5.3　面向清洁能源利用的数据中心参与电网互动技术 … 102

5.3.1　面向清洁能源利用的数据中心参与电网互动形式与

分类 …………………………………………… 103

5.3.2　数据中心的需求响应类型 ………………………… 104

5.3.3　基于激励的数据中心需求响应 …………………… 105

5.4　面向清洁能源利用的数据中心参与电网互动展望 … 113

5.4.1　关键技术面临的问题及解决思路 ………………… 113

5.4.2　数据中心参与电网互动未来发展目标 …………… 114

5.5　本章小结 ……………………………………………… 115

第6章　数据中心制冷系统数字孪生技术 ……………… 116

6.1　数据中心数字孪生技术 ……………………………… 116

6.1.1　基本概念 …………………………………………… 116

6.1.2　数据中心数字孪生的应用价值 …………………… 117

6.1.3　数据中心数字孪生的实现方式 …………………… 118

6.2　数据中心制冷系统数字孪生模型构建方法 ················· 119

6.2.1　数字孪生模型特点及建模难点 ·················· 119

6.2.2　通过一维、三维模型耦合实现全链路建模 ············· 122

6.2.3　数据中心数字孪生模型构建方法 ················· 122

6.3　利用数字孪生模型优化制冷系统能耗的流程 ··············· 127

6.3.1　制冷系统能耗优化的常用手段 ·················· 127

6.3.2　基于数字孪生模型进行系统节能优化控制 ············· 129

6.4　数字孪生模型与 AI 控制模块间交互 ················· 135

6.4.1　基于数字孪生 CFD 平台的 AI 控制架构 ············· 136

6.4.2　AI 控制模块与数字孪生 CFD 平台模型接口 ·········· 138

6.5　本章小结 ··································· 140

第 7 章　数据中心制冷系统能耗优化技术 ················· 142

7.1　制冷系统能耗优化方法 ························· 142

7.2　制冷系统运行现状 ··························· 143

7.2.1　制冷系统运行现状调研 ···················· 143

7.2.2　制冷系统存在的问题 ····················· 143

7.3　制冷系统设备优化的分析方法 ····················· 146

7.3.1　数据中心制冷系统全年冷负荷实测分析 ············· 146

7.3.2　冷水机组运行策略分析 ···················· 146

7.3.3　冷冻水泵运行策略分析 ···················· 148

7.3.4　冷却水泵运行策略分析 ···················· 149

7.3.5　冷却塔运行策略分析 ····················· 150

7.4　建立数据中心制冷系统数字孪生模型 ·················· 150

7.4.1　数据中心负荷输入 ······················ 150

7.4.2　数据中心制冷系统建模原理 ·················· 151

7.4.3　建立制冷系统模型 ······················ 153

7.4.4　制冷系统对数据中心 PUE 的影响分析 ············· 153

7.4.5　冷冻水泵定流量与变流量的对比分析 ·············· 154

7.4.6 冷冻水出水温度对系统能耗的影响分析 ················ 156

7.5 制定制冷系统优化措施及运行策略 ················ 156

7.5.1 基于数字孪生模型制定制冷系统优化措施 ········· 156

7.5.2 利用 AI 技术制定数据中心制冷系统运行策略 ········· 158

7.6 本章小结 ·· 161

第 8 章 绿色数据中心低碳运行管理平台及实践 ············· 162

8.1 数据指标体系 ·································· 162

8.2 平台整体架构 ·································· 167

8.3 平台主要功能 ·································· 170

8.3.1 数据采集和存储 ························· 170

8.3.2 能耗数据分析计算 ······················· 171

8.3.3 服务器功率控制 ························· 172

8.3.4 能效感知的算力调度 ······················ 174

8.3.5 数字孪生建模和优化 ······················ 175

8.3.6 用户界面 ······························ 177

8.4 绿色运行实践 ·································· 184

8.4.1 机柜级节能调节 ························· 185

8.4.2 机房级节能调节 ························· 186

8.4.3 数据中心级节能调节 ······················ 188

8.4.4 自然冷源利用 ·························· 189

8.4.5 液冷机房 ····························· 190

8.4.6 光伏能源利用 ·························· 191

8.5 本章小结 ·· 192

缩略语 ·· 194

参考文献 ·· 196

第**1**章 概 论

数据中心是承载数字经济、支撑各行各业数字化智能化发展的新型基础设施，包括复杂的信息通信软硬件设备、信息系统平台、动力环境设备等。在电力系统中，数据中心中运行着电力生产、营销、交易、物资等数字化系统，支撑电力系统的生产管理与企业数字化转型，是新型电力系统的有机组成部分。本章主要介绍数据中心的概念和基本组成、我国"东数西算"工程、"双碳"政策要求和绿色数据中心发展趋势。

1.1 数 据 中 心

1.1.1 数据中心概念

数据中心的主要用途是容纳和管理大规模计算机系统所需的硬件、软件和网络设备，以及各类制冷、供电等支撑辅助设备。数据中心的核心功能包括数据计算、数据存储和网络通信，以支持各种信息的加工处理。它是现代信息技术基础设施的关键组成部分，为各类组织和企业提供了强大的计算和存储能力，以支持其业务运营、数据分析和信息管理需求。全球大型的互联网企业、电信运营商、云服务企业，以及政府部门建设或租用了大量数据中心，为广大用户提供便捷的信息服务。

数据中心的主要功能和特征包括以下几点：

（1）数据存储：数据中心提供海量的存储容量，用于安全存储各种数字信息，包括业务数据、用户信息、多媒体内容等。数据存储通常采用冗余和备份策略，以确保数据的可靠性和可用性。

（2）数据计算：数据中心包含各类不同的计算资源，如中央处理器（central processing unit，CPU）服务器和图形处理单元（graphics processing unit，GPU）服务器等，形成强大的算力，用于运行各种应用程序和服务。通过虚拟化技术的应用，可以在一台物理服务器上同时运行多个虚拟服务器，从而更有效地利用硬件资源。

（3）网络通信：数据中心通过高速网络连接与互联网骨干网相连，以确保快速、可靠的数据传输。网络架构通常包括核心层、汇聚层和接入层，以满足不同层次的通信需求。

（4）安全性：由于数据中心存储大量敏感信息，安全性是一个关键问题。数据中心通常部署物理和逻辑网络安全设备，包括防火墙、入侵检测系统、访问控制等，以保护数据免受恶意攻击和非法访问。

（5）扩展性：数据中心需要具备良好的扩展性，以适应不断增长的计算、存储和通信需求。

（6）能效和可持续性：随着对可持续发展的关注不断增加，现代数据中心致力于提高能效，并减少对环境的影响。这包括采用节能服务器、建设智能冷却系统和利用可再生能源等多种技术手段，降低数据中心能源消耗和碳排放。

数据中心的发展历程可以追溯到计算机技术的早期。最初，一些组织和企业的计算需求主要由单一的计算机系统满足，但随着信息技术的迅猛发展和数字化趋势的加速，对计算和存储资源的需求也急剧增加。为了更有效地管理这些资源，提高数据处理效率，数据中心应运而生。现代数据中心已经发展成为复杂而庞大的设施，涉及多个层次的硬件和软件，以及严格的安全和管理控制技术。大型数据中心主要用于支撑云计算。随着边缘计算的兴起，一些数据中心也向边缘位置靠拢，以更好地服务于需要低延迟和高可用性的应用，如物联网设备、智能城市和工业自动化等。

数据中心的规模和复杂性各异，可以根据其所服务的组织或企业的需求而设计建设。云服务提供商通过大规模数据中心和网络，可以为全球数千万用户提供数据计算和存储服务。一些组织或企业建立中小型私有数据中心，以更好地满足自身独特的业务需求和合规性要求。

在未来，数据中心将发挥日益关键的作用，支持数字经济的不断发展。随着技术的不断创新和应用场景的扩展，数据中心将不断适应新的挑战和需求，推动信息技术的进步，并为各行各业提供更强大的计算和存储能力。同时，数据中心行业将继续关注可持续性发展和环保问题，寻求更加智能和环保的解决方案，以促进数据中心的可持续发展。

1.1.2　数据中心组成

数据中心基本组成结构如图 1−1 所示，主要包括 IT 设备、制冷系统、供配电系统、照明和办公设备等部分。

数据中心的 IT 设备主要包括服务器、存储设备、网络设备、网络安全设备等，这些设备能够支持应用程序的安全稳定运行。IT 设备在运行过程中会产生大量热量，需要通过制冷系统完成散热，带走 IT 设备所产生的热量，以避免 IT 设备过热发生故障。供配电系统通过不间断电源（uninterrupted power supply，UPS）和电源分配单元（power distribution unit，PDU）为 IT 设备供电，使 IT 设备能够稳定运行。

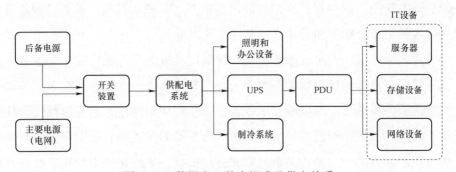

图 1−1　数据中心基本组成及供电关系

下面是对 IT 设备、供配电系统、制冷系统的详细介绍：

（1）IT 设备：在数据中心的 IT 设备中，服务器是数据中心的核心设备，通常包括 CPU 服务器和 GPU 服务器，负责执行各种计算任务，提供算力支撑，服务器的性能和数量决定了数据中心的计算能力。IT 设备存放在 IT 设备机房内，数据中心 IT 设备机房如图 1−2 所示。

图 1 - 2　数据中心 IT 设备机房

数据中心服务器可以根据不同的设计分为机架式和刀片式服务器。

机架式服务器：机架式服务器是一种专门安装在服务器机架内的服务器，它的外形和普通的交换机类似，宽度通常为 19inch（1inch≈2.54cm），高度以单位"U"计算，每"U"为 1.75inch（约为 4.44cm）。机架式服务器高度主要有 1U、2U、4U、8U 等尺寸。机架式服务器的优点是节省空间、方便管理，且具备更高的性能和稳定性，适合中大型企业、数据中心等需要高密度部署大量服务器的地方使用；缺点是扩展性和散热性较差，且成本较高。机架式服务器可以支持各种工作负载，如云计算、高性能计算等。

刀片式服务器：刀片式服务器是一种高度集成的服务器，它的外层是一个大型机箱，在机箱内可以插装多个"刀片"单元。每一个"刀片"单元都是一个完整的服务器单元，可以独立运行操作系统和应用程序，也可以通过软件组成集群，实现网络和资源的共享。刀片式服务器的优点是占用空间少，且维护升级方便，因为每个"刀片"单元都支持热插拔；缺点是成本较高，散热效果较差。刀片式服务器主要用于组成高性能计算集群系统，处理计算密集型应用，如天气预报、空气动力学建模等。

存储设备用于保存海量的数据，并对其进行统一管理，能够为用户提供便利、高效的数据访问接口。存储设备的容量和速度决定了数据中心的存储能力和访问效率。常用的数据中心存储设备包括磁盘、存储阵列、磁带库等。云计算平台引入分布式存储的技术，将服务器上分散的存储资源构成一个虚拟的存储设备，典型的分布式存储包括 HDFS（Hadoop distributed file system）、GFS（Google file system）、Ceph 等。

网络设备将各种服务器和存储设备连接成网络，实现信息和数据的传输和交换。网络设备的带宽和稳定性决定了数据中心的网络能力和可靠性。常见的网络设备包括路由器、交换机等。路由器负责在不同网络之间传输数据包，能够根据目标地址和网络拓扑选择最佳路径进行转发；而交换机则用于连接局域网内的多台计算机、服务器或其他网络设备。

（2）供配电系统：供配电系统是数据中心的核心子系统之一，为机房内所有需要动力电源的设备提供稳定、可靠的动力电源支持。供配电系统由许多部分组成，包括交流不间断电源、电池、高低压配电设备、发电机等。

具体而言，交流不间断系统能够输出稳定的交流电源，为数据中心的 IT 设备和部分辅助设备提供稳定和不间断的电力。交流不间断系统的主要组成部分有整流器、逆变器、旁路开关、维修旁路开关、输出配电柜等。直流不间断系统能够输出稳定的直流电源，为数据中心的通信设备和部分辅助设备提供电力。直流不间断系统的主要组成部分有整流器、直流配电屏、电池组等。电池在交流不间断系统或直流不间断系统中，作为电力储备的装置，在市电中断时，能够为数据中心提供短暂的电力支持，保证数据中心的正常运行。电池的主要类型有铅酸电池、镍氢电池、锂离子电池等。高低压配电设备通过变压、分配等过程，将市电电压降低到适合数据中心设备使用的水平，为数据中心的各类设备提供稳定、安全的电力保障。高低压配电的主要组成部分有变压器、高低压配电柜、电缆桥架等。发电机能够在市电中断时，使用柴油等燃料发电，为数据中心提供电力支持，保障应急情况下数据中心电力的稳定供应。

数据中心配电区域如图 1-3 所示。

（3）制冷系统：制冷系统是数据中心必需的保障系统，负责调节数据中心的温度和湿度。一方面，数据中心内的 IT 设备在运行时会散发出大量的热量，使机房环境温度升高，而过高的温度会影响 IT 设备的运行效率和寿命，甚至造成 IT 设备的损坏。另一方面，过于潮湿的环境也可能会导致设备短路，发生危险情况。因此需要制冷系统监测和维持数据中心的温度、气流分布和湿度，为设备提供良好的运行环境，防止设备过热或受潮。数据中心制冷系统管道与设备如图1-4所示。

图1-3　数据中心配电区域

图1-4　数据中心制冷系统管道及设备

制冷系统中使用的冷却技术有风冷技术、水冷技术和液冷技术。

风冷技术利用空气作为冷媒，首先将机房空调（computer room air conditioner，CRAC）冷却后的空气通过地下通风管道输送至服务器所在房间，然后流经服务器，在吸收服务器产生的热量后，进入热风通道，最后回到压缩机重新冷却，完成散热。

风冷技术是数据中心冷却方案中较为成熟、应用较为广泛的一种，但也存在着一些缺陷：首先是能耗较高，风冷系统通常需要大量的风扇来散热，导致系统整体的能耗偏高，尤其是在高温环境下，风冷系统的能耗问题更为突出；

其次是空间利用率不高，风冷系统通常需要安装大型风扇、散热器等设备，导致数据中心的空间利用率降低，气体流动示意图如图 1-5 所示。

水冷技术使用冷水循环系统，以更低的成本将热量从数据中心机房转移到数据中心外部。水冷系统在机房中使用类似风冷系统机房空调的机房空气处理装置（computer room air handler，CRAH），通过冷空气带走机房中的热量。

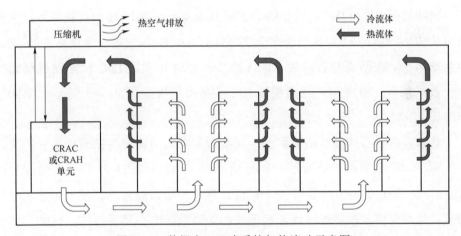

图 1-5　数据中心风冷系统气体流动示意图

液冷技术是一种新兴的制冷技术，具有低能耗、高散热、低噪声等优势。目前主流的液冷方式有两种：

（1）直接接触型液冷方式，包括浸没式液冷和喷淋式液冷。浸没式液冷将发热元件直接浸没在冷却液中，依靠冷却液的流动循环带走 IT 设备运行产生的热量；喷淋式液冷在服务器机箱顶部安装喷淋模块，喷淋模块会将冷却液滴落在发热元件上，通过冷却液与发热元件之间的接触进行换热，从而为发热元件降温，再通过服务器内的流道汇集至换热器将热量散发。

（2）间接接触型液冷，主要采用冷板式液冷。该方式会将主要发热器件固定在冷板上，依靠流经冷板的液体将热量带走达到散热的目的。

除上文介绍的核心子系统外，数据中心还有其他一些辅助子系统，例如以下三种：

（1）监控运维系统，通过机房监控室对机房运行情况进行监控，及时发现异常情况或设备告警。

（2）办公支持系统，包括各种办公设备和后勤设施，为数据中心人员提供工作和生活所需的设施。

（3）安全防护系统，包括安检通道、门禁系统、录像监控等多种安防模块，确保数据中心的物理安全。

1.1.3　我国数据中心发展现状

国际数据公司（IDC）发布的 Global DataSphere 2023 显示，我国数据量规模将从 2022 年的 23.88ZB 增长至 2027 年的 76.6ZB，年均增长速度达到 26.3%，为全球第一。根据科智咨询发布的《2023—2024 年我国 IDC 行业发展研究报告》数据显示，2023 年，我国整体 IDC 业务市场规模为 5078.3 亿元，较 2022 年增长 25.6%。

随着数据中心规模的不断扩大，新型数据中心的建设与发展也备受关注。工信部在《新型数据中心发展三年行动计划（2021—2023 年）》（工信部通信〔2021〕76 号）中提出，要用 3 年时间，基本形成布局合理、技术先进、绿色低碳、算力规模与数字经济增长相适应的新型数据中心发展格局。同时，为了提升数据传输性能，国家围绕算力枢纽节点建设了 130 条干线光缆，使数据传输性能大幅改善。

数据中心机架数量增长趋势图如图 1-6 所示。

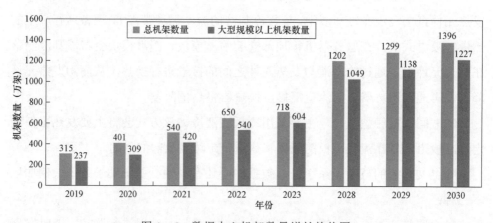

图 1-6　数据中心机架数量增长趋势图

我国数据中心规模的迅速增长主要得益于互联网、金融、电信等行业的快速发展，以及大模型、深度学习、虚拟现实等新技术和新业务的出现对数据存储和处理需求的不断增长。我国数据中心市场的分布相对集中，主要分布在经济发达地区，例如京津冀、长三角、粤港澳大湾区等。此外，一些城市如成都、重庆、武汉等也在积极发展数据中心产业。我国数据中心市场的服务市场也较为活跃，各大服务商提供包括基础设施外包、数据存储、数据处理、数据安全等在内的多种服务。其中，阿里云、腾讯云、华为云等大型互联网公司在市场上占有较大比重。随着人工智能技术的进步，数据中心的智能化程度将越来越高，这将提高数据中心的运营效率，降低能耗，优化资源使用，提高数据处理能力。

1.2 我国"东数西算"工程

2022 年 2 月，我国正式启动了"东数西算"工程，"东数西算"中的"数"指的是数据，"算"指的是算力，即对数据的处理能力。我国西部地区资源充裕，可再生能源丰富，具备发展数据中心、承接东部算力需求的潜力。"东数西算"工程是通过构建数据中心、云计算、大数据一体化的新型算力网络体系，将东部算力需求有序引导到西部，优化数据中心建设布局，促进东西部协同联动和绿色数据中心发展，为我国绿色数据中心建设和技术发展带来了新的机遇。

1.2.1 整体布局

按照全国一体化大数据中心体系布局，在京津冀、长三角、粤港澳大湾区、成渝，以及贵州、内蒙古、甘肃、宁夏等地布局建设全国一体化算力网络国家枢纽节点（以下简称"国家枢纽节点"），发展数据中心集群，引导数据中心集约化、规模化、绿色化发展。国家枢纽节点之间进一步打通网络传输通道，加快实施"东数西算"工程，提升跨区域算力调度水平。同时，加强云算力服务、数据流通、数据应用、安全保障等方面的探索实践，发挥示范和带动作用。国家枢纽节点以外的地区，统筹省内数据中心规划布局，与国家枢纽节点加强衔接，参与国家和省之间算力级联调度，开展算力与算法、数据、应用资源的一体化协同创新。"东数西算"工程整体布局如图 1-7 所示。

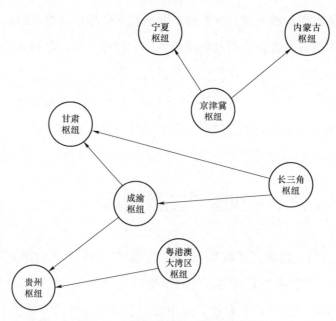

图 1-7 "东数西算"工程整体布局

1.2.2 节点定位

对于京津冀、长三角、粤港澳大湾区、成渝等用户规模较大、应用需求强烈的节点，重点统筹好城市内部和周边区域的数据中心布局，实现大规模算力部署与土地、用能、水、电等资源的协调可持续，优化数据中心供给结构，扩展算力增长空间，满足重大区域发展战略实施需要。对于贵州、内蒙古、甘肃、宁夏等可再生能源丰富、气候适宜、数据中心绿色发展潜力较大的节点，重点提升算力服务品质和利用效率，充分发挥资源优势，夯实网络等基础保障，积极承接全国范围需后台加工、离线分析、存储备份等非实时算力需求，打造面向全国的非实时性算力保障基地。对于国家枢纽节点以外的地区，重点推动面向本地区业务需求的数据中心建设，加强对数据中心绿色化、集约化管理，打造具有地方特色、服务本地、规模适度的算力服务。在 8 个国家枢纽节点内，进一步规划设立了 10 个国家数据中心集群，每个集群是一片物理连续的行政区域，具体承载算力枢纽内的大型、超大型数据中心建设。

实施"东数西算"工程，有利于推动我国数据中心合理布局、供需平衡、绿色集约和互联互通，将提升国家整体算力水平、促进绿色数据中心发展、扩大有效投资、推动区域协调发展。

1.3 "双碳"政策与绿色数据中心

1.3.1 数据中心能耗构成

近年来，随着数字经济及信息通信技术的发展，数据中心规模在不断扩大，数据中心需处理的工作负载量不断增大，其用电负荷也在随之飞速增长。近 10 年来，全球网络流量相较于 10 年前增长幅度超过 12 倍，对数据处理能力与计算能力的需求日益激增，相应的数据中心的数量、规模和总能耗都不断扩大。

2023 年，全国数据中心耗电量达到 1500 亿 kW·h，占全社会用电量约 1.6%。预计到 2030 年，我国数据中心能耗总量将超过 4000 亿 kW·h，若不加大可再生能源利用比例，2030 年全国数据中心碳排放或将超 3 亿 t，数据中心减排迫在眉睫。国家正不断推动以数据中心为算力代表的"新基建"战略的施行，数据中心建设数量正不断激增，数据中心的增长速率在过去三年已经达到了 34%、36% 和 39%。如今，在我国主要的电力负荷之中，数据中心已经占据了不小的份额，分析数据中心功耗来源和特性，有利于进一步研究能耗优化管理模式、调节电网用电高峰、减小用电负荷的峰谷差，合理调配数据中心用能需求也将促进可再生能源的利用。

数据中心的能耗由多个部分构成，主要由包括服务器、通信传输存储等 IT 设备能耗、制冷系统能耗，以及电力供应系统能耗等部分，能耗构成如图 1-8 所示。通常 IT 设备与制冷系统的能耗占数据中心总能耗的 80% 左右。降低数据中心碳排放量，也应根据其能耗结构，展开有针对性的改进优化，本书后续章节分别介绍了 IT 设备和制冷系统的绿色低碳运行技术。

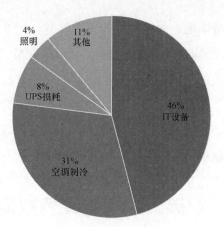

图 1－8　数据中心能耗构成

1.3.2　温室效应和"双碳"政策

在过去的几十年里，迅速增长的数据中心数量给社会带来了一定的环保压力。虽然数据中心中的设备运行并不会直接产生碳排放，但是设备运行所消耗的电能来自供电网络。由于我国的发电方式主要依赖火力发电，而火力发电的碳排放很高，这就意味着数据中心耗电量越高，间接碳排放越高。我国数据中心碳排放量增长率约为 16%，预计到 2030 年，数据中心碳排放总量突破 3 亿 t。数据中心碳排放总量如图 1－9 所示。

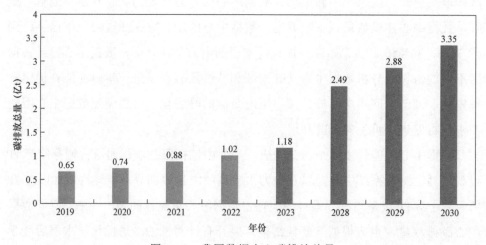

图 1－9　我国数据中心碳排放总量

为了应对可能到来的气候危机，党的二十大报告中提出，"要积极稳妥推进碳达峰碳中和"。碳达峰碳中和是两个与应对气候变化相关的重要概念。碳达峰是指二氧化碳排放总量在某一个时间点达到最大值，之后逐渐下降；而碳中和是指在一定时间内，通过自然或人为处理手段，抵消由于人类活动产生的二氧化碳排放，实现二氧化碳"净零排放"。在此背景下，应积极发展高效低碳、满足能效标准要求的新型数据中心，为早日实现碳达峰碳中和做出贡献。

国家"十四五"规划和2035远景目标纲要从现代化、数字化、绿色化方面对新型基础设施建设提出了方针指引，党中央、国务院关于碳达峰碳中和的战略决策对信息通信行业数字化和绿色化协同发展提出了更高要求。数据中心是新基建的重要"数字底座"，是助推数字经济发展的重要力量。在国家战略的指引下，推进数据中心产业绿色高质量发展，成为全行业"十四五"时期的重要任务。与此同时，未来数据中心电力负荷需求必然也会伴随着数字化智能化发展而大量增长，建立合适的机制去促进数据中心参与电力需求响应、新能源消纳利用、促进新型负荷削峰填谷等将会为电力供需平衡提供便利，继而减缓成本高额的电厂和配电网建设投资，创造较好的社会经济效益。

2021年5月24日，国家发展改革委、中央网信办、工信部、国家能源局联合印发《全国一体化大数据中心协同创新体系算力枢纽实施方案》（发改高技〔2021〕709号），该方案根据以上四部委联合印发的《关于加快构建全国一体化大数据中心协同创新体系的指导意见》（发改高技〔2020〕1922号）部署要求，为加快推动数据中心绿色高质量发展，建设全国算力枢纽体系而研究制定。方案明确提出建设国家算力枢纽，加快建设全国一体化算力枢纽体系，提出布局全国算力网络国家枢纽节点，启动实施"东数西算"工程，构建国家算力网络体系，推动数据中心合理布局、供给平衡、绿色集约及互联互通。

2021年7月，工信部印发了《新型数据中心发展三年行动计划（2021—2023年）》（工信部通信〔2021〕76号），指明了我国数据中心规划目标：用3年时间，基本形成布局合理、技术先进、绿色低碳、算力规模与数字经济增长相适应的新型数据中心发展格局。到2021年底，全国数据中心平均利用率力争提升到55%以上，总算力超过120EFLOPS，新建大型及以上数据中心电能利用效率（power usage efficiency，PUE）降低到1.35以下。到2023年底，全国数据中心机架规模年均增速保持在 20% 左右，平均利用率力争提升到 60% 以上，总算力超过 200EFLOPS，高性能算力占比达到 10%。国家枢纽节点算力规模占比超过 70%。新建大型及以上数据中心 PUE 降低到 1.3 以下，严寒和寒冷地区力争降低到 1.25 以下。

2022 年 1 月，国家发展改革委等部门印发了《贯彻落实碳达峰碳中和目标要求推动数据中心和 5G 等新型基础设施绿色高质量发展实施方案》的通知，提出要建设高质量的新型基础设施，并对数据中心绿色高质量发展提出具体要求。该方案要求进一步提升数据中心 PUE 和可再生能源利用率，全国新建大型、超大型数据中心平均电能利用效率降到 1.3 以下，国家枢纽节点降到 1.25 以下，绿色低碳等级达到 4A 级以上。提升数据中心整体利用率，且西部数据中心利用率由 30% 提高到 50% 以上，实现全国算力供需均衡。

2022 年 12 月，中共中央、国务院印发了《扩大内需战略规划纲要（2022—2035 年）》，提出要提升电网安全和智能化水平，大幅提高清洁能源利用水平，建设多能互补的清洁能源基地，推动构建新型电力系统，提升清洁能源消纳和存储能力。加快提升数据中心绿色电能使用水平，结合储能、氢能等新技术，提升可再生能源在数据中心能源供应中的比重，实现节本降耗。

总体而言，数据中心相关政策的落地有助于推动整个行业朝着更清洁、更可持续的方向发展，促使企业更积极地采用清洁能源，加强与电网互动，从而实现经济效益和环保效益的双赢。

1.3.3　数据中心绿色低碳相关标准和规范

国家和相关行业已发布了多项与数据中心绿色低碳运行相关的标准、规范，旨在为相关技术和产业发展提供规范和一致性的指导，激发技术和工程创新，降低运营成本，履行环保责任。相关标准、规范及具体要求如表 1-1 所示。

表 1-1　　　　　　　　　数据中心相关标准、规范及具体要求

标准名称	归口单位	发布日期	要求
YD/T 2441—2013《互联网数据中心技术及分级分类标准》	中国通信标准化协会	2013 年 4 月 25 日	数据中心在可靠性、绿色节能和安全性等三个方面的分级分类的技术要求

续表

标准名称	归口单位	发布日期	要求
YD/T 2542—2013《电信互联网数据中心（IDC）总体技术要求》	中国通信标准化协会	2013 年 4 月 25 日	数据中心的系统组成、网络与信息安全、编址、服务质量和绿色节能等内容
GB/T 32910.3—2016《数据中心资源利用　第 3 部分：电能能效要求和测量方法》	全国信息技术标准化技术委员会	2016 年 8 月 29 日	数据中心的能效影响因素、能耗测量方法、电能使用效率（EEUE）计算方法等
YD/T 2543—2013《电信互联网数据中心（IDC）的能耗测评方法》	中国通信标准化协会	2013 年 4 月 25 日	分析数据中心的能耗结构，提出能效指标、能耗测量方法和能效数据
GB/T 23331—2020《能源管理体系　要求及使用指南》	全国能源基础与管理标准化技术委员会	2020 年 11 月 19 日	规范数据中心建立、实施、保持和改进其能源管理体系的方法，持续提升其能源绩效
GB/T 37779—2019《数据中心能源管理体系实施指南》	全国能源基础与管理标准化技术委员会	2019 年 8 月 30 日	阐述数据中心能源管理体系的策划、实施、检查等过程
GB/T 32910.4—2021《数据中心资源利用　第 4 部分：可再生能源利用率》	全国信息技术标准化技术委员会	2021 年 4 月 30 日	定义数据中心可再生能源利用率；提出数据中心可再生能源利用率的测量方法和计算方法
GB 40879—2021《数据中心能效限定值及能效等级》	国家标准化管理委员会	2021 年 10 月 11 日	规定数据中心的能效等级与技术要求、统计范围、测试与计算方法
ODCC-2022-0500E《数据中心可持续发展能力要求》	开放数据中心标准推进委员会	2022 年 12 月	数据中心（含设备）可持续发展的能力要求，涉及设备及基础软件能力、单体数据中心能力和数据中心集群能力
GB/T 44989—2024《绿色数据中心评价》	全国信息技术标准化技术委员会	2024 年 11 月 28 日	确立了绿色数据中心评价等级，规定了评价指标和评价方法

1.3.4　绿色数据中心能效指标

绿色数据中心是当今云计算和大数据时代非常重要的一个概念。它指的是在满足数据中心功能需求的前提下，通过采用各种先进的技术和管理手段，实现数据中心的高效、低碳、集约和可持续发展，最大限度地降低数据中心的能源消耗，提高能源利用效率，减少碳排放，提升数据中心的环境友好性。随着相关研究和技术的不断发展与深入，目前已提出多种绿色数据中心能效指标，最常见的包括 PUE、CUE、WUE 等。

数据中心能效衡量标准主要是电能利用效率（PUE），其定义为数据中心的总能耗与 IT 设备的总能耗的比值。PUE 越低，说明数据中心的能效越高。

近年来，我国关于新建数据中心 PUE 的要求在不断提高，以促进数据中心绿色低碳发展，从而实现碳达峰碳中和的目标。与此同时，我国政府出台了相关的政策，根据不同的地区和部门，规定了不同规模和类型的新建数据中心 PUE 的上限值。

碳使用效率（carbon usage efficiency，CUE）衡量的是数据中心在运行时产生的碳排放量与其 IT 设备的能源消耗之比，它是一个常见的衡量数据中心的碳排放效率的指标。通常，这个比率用于评估数据中心的环境友好性和可持续性。

水资源使用效率（water usage effectiveness，WUE）是另一个与数据中心能效相关的指标，它用于衡量数据中心使用水资源的效率。WUE 表示数据中心用于冷却和其他用途的总水消耗与其 IT 设备的能量消耗之比。

国家工信部、国家发展改革委、国家能源局等部委根据我国数据中心产业的实际发展情况，开展绿色数据中心推荐评价工作，公布《国家绿色数据中心评价指标体系》（2023 年版）。该指标体系包括能源高效利用、绿色低碳发展、科学布局及集约建设、算力资源高效利用等方面 16 个指标，如表 1-2 所示。

表1-2　　　　　国家绿色数据中心评价指标（2023 年版）

序号	指标	权重分值
一、能源高效利用		
1	电能利用效率	40
2	可再生能源及储能利用水平	10
3	单位信息流量综合能耗下降水平	2
4	能源利用智慧管控水平	5
5	余热余冷利用水平	4
二、绿色低碳发展		
6	水资源利用水平	4
7	绿色采购水平	4
8	绿色运维水平	4
9	绿色化改造提升情况	2
10	绿色公共服务水平	3
三、科学布局及集约建设		
11	科学布局水平	5
12	集约建设水平	5

序号	指标	权重分值
四、算力资源高效利用		
13	机柜资源利用（上架率）水平	4
14	算力负荷利用水平	3
15	网络资源利用水平	3
16	信息系统能效及单位能耗产出水平	2

国家市场监督管理总局（国家标准化管理委员会）发布 2024 年第 29 号中华人民共和国国家标准公告，发布了绿色数据中心领域首部评价标准 GB/T 44989—2024《绿色数据中心评价》，并于 2025 年 6 月 1 日起实施。该标准将绿色数据中心划分为一至三级，一级为最高，三级为最低，三个等级的绿色数据中心依据评价总分进行划分。绿色数据中心等级划分如表 1-3 所示。

表 1-3 绿 色 数 据 中 心 等 级

绿色数据中心等级	对应分值范围
一级	$S \geqslant 85$
二级	$75 \leqslant S < 85$
三级	$60 \leqslant S < 75$

注 S 为评价总分数。

该标准对绿色数据中心的一级和二级评价指标和权重进行了规定，包括 5 个一级指标和 21 个二级指标，具体指标和权重如表 1-4 所示。

表 1-4 绿色数据中心评价指标权重

一级评价指标	一级评价指标权重	二级评价指标	二级评价指标权重
能源资源高效利用	50%	电能比全年测算值	60%
		信息设备负荷使用率	10%
		可再生能源及储能利用水平	20%
		水资源使用效率	10%
绿色设计	20%	暖通系统绿色设计	40%
		电气系统绿色设计	30%
		智能化系统绿色设计	20%
		信息系统绿色设计	10%
绿色采购	5%	绿色采购水平	70%
		限用物质控制	30%

一级评价指标	一级评价指标权重	二级评价指标	二级评价指标权重
绿色运维	15%	能源使用管控	20%
		水资源使用管控	20%
		温室气体排放管控	20%
		运行维护管理	10%
		废旧电器电子产品处理	10%
		废弃物处理	10%
		环境影响与职业健康管理	10%
绿色服务	10%	业务连续性	20%
		绿色化改造与提升	30%
		建设布局水平	30%
		绿色公共服务水平	20%

绿色数据中心的发展有利于我国实现碳达峰、碳中和的目标，助力构建资源节约和环境友好的数字经济底座。数字中心建设者与管理者需要从技术、管理、政策等方面形成合力，加快我国绿色数据中心体系建设，为可持续发展和生态文明建设做出新的更大贡献。

1.4　数据中心的发展趋势

我国的数据中心发展迅速，数据中心市场规模持续高速增长，2023 年达到 2400 亿元左右。数据中心的机架数量也在稳步增长，根据《数字中国发展报告（2023 年）》，截至 2023 年底，我国在用数据中心机架总规模超过 810 万标准机架，算力总规模达到 230EFLOPS，其中智能算力规模达到 70EFLOPS。我国数据中心的布局也在逐步优化，协同一体趋势增强，以"东数西算"工程为牵引，实现全国数据中心科学布局、有序发展。然而，一些已建成的传统数据中心也存在着问题，例如能耗较高、利用率低、运维效率低、自动化智能化程度不高等。这些问题阻碍了数据中心本身的发展以及节能型社会的创建，已经成为一个对技术、经济、环境发展有影响的问题，亟待解决。随着对环保要求的日益严格，未来大部分企业将关闭其传统的本地数据中心，转而使用大型高效数据中心上的云服务。

许多公司都在尝试使用新技术实现数据中心节能降碳。例如，腾讯科技（深圳）有限公司的数据中心使用了自然冷却技术、液冷技术、三联供、余热回收等节能技术，实现低 PUE 运行；阿里巴巴（中国）有限公司的千岛湖数据中心利用自然冷却技术，使用温度较低的深层湖水帮助数据中心的服务器降温，降低了制冷系统的能耗需求，减少了碳排放。

未来，数据中心将会朝着集约化、智能化、绿色化、软件定义化等方面不断发展。

（1）集约化：随着生成式 AI 大模型等新技术的快速发展，市场上对于算力的需求不断增长，提高数据中心的算力供应和能源效率将成为重点。为此，数据中心将朝着超大规模发展，集成更多的服务器和网络设备，并使用高密度机柜、高效率的 IT 设备，集中式的数据中心架构，提高计算能力和网络性能，同时降低用能成本。

（2）智能化：随着数字孪生、人工智能等新技术的不断涌现，数据中心在未来将会更加智能化。数据中心将使用人工智能和自动化技术等新兴技术，减少人为干预，优化运维流程，实现自动化、智能化的管理，提高运维效率；在提升数据中心能源效率方面，数据中心将使用智能监控系统，实时监测服务器资源利用率、网络负载等指标，预测工作负载，并进行系统运行方式和参数的动态调整，以优化能源效率，实现降本增效。

（3）绿色化：在未来，数据中心将朝着可持续化、零碳的方向发展。通过在建筑设计、新能源利用、冷却技术等方面改进，实现环境友好的运营。具体而言，新一代数据中心在设计阶段就会考虑环保因素，例如在建设时会采用绿色建筑材料，使用最新研发的更节能的处理器设备等。在能源使用方面，新一代数据中心会使用更多可再生能源对数据中心的服务器等设备供能，以减少对非可再生能源的依赖。在冷却技术方面，新一代数据中心会使用效率更高的液冷技术或是使用自然冷却技术对服务器降温，实现更低的能源消耗。

许多国家也对未来的数据中心制定了严格的功耗限制法案，旨在提高数据中心可持续性和能源效率。例如，德国政府最近起草了新立法，规定 2026 年 7 月之前投入使用的数据中心从 2027 年 7 月起 PUE 需达到 1.5，到 2030 年 PUE 需达到 1.3；英国政府希望到 2050 年实现净零排放目标。

（4）软件定义化：传统数据中心资源利用率较低，需要花费更多的时间和人力来配置和管理物理设备；且资源分配和调整较为固定，难以适应不断变化的业务需求和工作负载。为了解决这些问题，数据中心将朝着软件定义化发展。软件定义数据中心（software‑defined data center，SDDC）是一种基于虚拟化技术的数据中心架构，该架构下数据中心的计算、存储、网络等资源都会被虚拟化，并通过软件进行管理和编排，从而实现高自动化，并具有高灵活性和高扩展性。

总体来说，未来的数据中心规模会更大，更加绿色低碳环保，并采用新技术来提升服务质量、运营效率、安全性，为用户提供更优质的服务。

1.5　本书组织结构

本书探讨数据中心绿色低碳运行相关的技术、方法和系统设计。除了第 1 章概述外，其他章节分别从数据中心碳排放核算方法、IT 设备低碳运行技术、数据中心清洁能源的利用和电网互动技术，以及制冷系统能耗优化技术等几方面，分别进行了详细的阐述；最后，将本书各章的技术进行了综合与集成，设计开发了绿色数据中心低碳运行管理平台，并在数据中心进行实际部署，取得了较好的应用效果。

本书的组织结构如图 1‑10 所示。第 1 章为数据中心概论，主要介绍数据中心基本概念、我国"东数西算"工程、数据中心面临的"双碳"挑战，以及数据中心的发展趋势。第 2 章论述数据中心碳核算概念、方法和低碳运行框架与技术，为后续各章碳排放量的计算提供了依据。接下来分别从 IT 设备低碳运行（第 3 章和第 4 章）、清洁能源利用（第 5 章）和制冷设备低碳运行（第 6 章和第 7 章）三方面展开。其中，第 3 章从 IT 设备供电和功率管理的角度，介绍了服务器功率模型、服务器功率超分配技术和集群功率控制技术；第 4 章从算力低碳运行角度，分别对通用算力和智能算力的能耗优化技术进行详细阐述；第 5 章研究了清洁能源电力对数据中心碳排放的影响，并结合需求响应技术，探讨了如何通过负载任务调度实现数据中心和电网的互动；第 6～7 章主要介绍数字孪生技术及在制冷系统能耗优化中的应用，第 6 章研究了数据中心数字孪生概念和建模方法；第 7 章结合北方某数据中心的实际运行情况，介绍基于数字孪生技术对制冷系统能耗进行优化实践。

第 8 章综合上述研究成果，阐述绿色数据中心低碳运行管理平台架构、设计和功能，以及绿色运行实践情况。

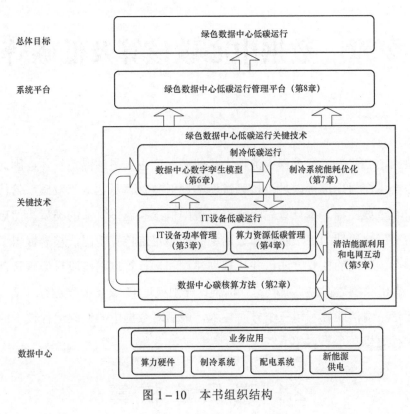

图 1-10　本书组织结构

1.6 本章小结

数据中心是 IT 基础设施运行的场所，是数字经济的重要支撑和科技发展的创新引擎。本章主要对数据中心的相关概念、我国"东数西算"工程、"双碳"政策与绿色数据中心，以及数据中心在未来的发展趋势进行了介绍。首先介绍了数据中心的定义、组成及功能，然后介绍了我国"东数西算"工程，之后介绍了节能减排背景下对数据中心"双碳"政策要求。未来，随着技术的发展和需求的增长，数据中心相关技术和设备也在不断地进步和优化，以适应更高的能耗标准和更多技术挑战，努力建设更加绿色的数据中心，进一步提高能效、降低碳排放、助力"双碳"目标实现和生态环境保护。

第 2 章　数据中心碳核算及低碳管理

数据中心建设运行过程中消耗大量能源，产生大量的温室气体，因此对数据中心全生命周期进行碳足迹核算进而实现低碳管理是达成"双碳"目标的必然要求和重要支撑。本章首先阐释碳足迹的概念和温室气体的类型，然后介绍数据中心生命周期的三个阶段和数据中心的碳足迹核算范围，接着提出了针对数据中心碳足迹的核算方法，并从规划建设和运行管理两阶段对低碳管理进行探讨，提出绿色数据中心低碳运行框架，分别梳理 IT 设备低碳运行、基础设施低碳运行、清洁能源利用三个方面技术，最后对数据中心低碳运行技术的发展趋势进行展望。

2.1　碳足迹核算

碳足迹是一项活动、一种服务或产品在进行过程中产生的直接和间接温室气体排放。区别于碳排放，碳足迹的核算难度和核算范围要更大，核算结果更加详细具体，包含着碳排放的详细信息。为了量化数据中心的各个环节产生的碳排放，并进行深入分析，进而做出针对性的减碳措施，亟须进行准确、全面的碳排放核算。

本节介绍通用的碳足迹核算方法和碳核算范围划分。其中，2.1.1 节介绍碳足迹的定义，以及碳足迹和碳排放的区别，并给出了通用的碳足迹核算方法；2.1.2 节阐述碳核算的范围，结合美国国家环境保护局（EPA）及《温室气体核算体系》，将温室气体排放划分为三个范围，并分别介绍每个范围应该包含哪些方面。

2.1.1　基本概念

碳足迹以生命周期为视角，包含研究对象全生命周期各个阶段产生的所有温室气体。温室气体种类繁多，比如二氧化碳、二氧化硫及氮氧化物等，其中二氧化碳对全球变暖造成的影响最大，研究发现自 2005 年起，我国二氧化碳排放总量一直位居世界第一。为了统一度量，用二氧化碳等价物来表示温室气体的排放数量。其他温室气体转化为二氧化碳的计算方法为排放吨数乘其对应的全球变暖潜势值（GWP），即

$$B_{CO_2} = B_i \times GWP_i \qquad (2-1)$$

式中：B_i 为第 i 种温室气体的排放吨数；B_{CO_2} 为与排放 B_i 吨温室气体产生相同温室效应的二氧化碳的排放吨数；GWP_i 为第 i 种温室气体的全球变暖潜势值。

GWP 是一种物质产生温室效应的一个指标，表示在一定时间（通常取值为 100 年）内，以二氧化碳作为参照气体，各种温室气体的温室效应对应于相同效应的二氧化碳的质量。

温室气体是指大气中吸收和重新放出红外辐射的自然和人为的气态成分，常见的温室气体包括二氧化碳、甲烷、氧化亚氮等。《〈联合国气候变化框架公约〉京都议定书》规定的 6 种温室气体及其化学式和 GWP 如表 2-1 所示。为了减少温室效应，化工行业不断研究低 GWP 的化学物质，来减轻温室效应，如 HFO-1336mzz（E）的 GWP 仅为 7，可以作为制冷剂的典型代表；HCFO-1224yd（Z）的 GWP 低于 1，可以作为第四代消耗臭氧层物质（ozone depleting substances，ODS）的代替品。

表 2-1　《〈联合国气候变化框架公约〉京都议定书》6 种温室气体列表

温室气体名称	化学式	GWP
二氧化碳	CO_2	1
甲烷	CH_4	21
氧化亚氮	N_2O	310
氢氟碳化物	HFCs	140～11700
全氟碳化物	PFCs	6500～9200
六氟化硫	SF_6	23900

碳核算是测量工业活动直接和间接排放二氧化碳及其当量气体的措施，是控排企业按照监测计划对碳排放相关参数实施数据收集、统计、记录，并将所有排放相关数据进行计算、累加的一系列活动。

碳核算可以直接量化碳排放的数据，还可以通过分析各环节碳排放的数据，找出潜在的减排环节和方式，这对碳中和目标的实现、碳交易市场的运行至关重要。

国内外常用的碳核算方法主要包括生命周期评估法（life cycle assessment，LCA）、投入产出法（input–output analysis，IOA）、《2006 年 IPCC 国家温室气体清单指南》中规定的方法（以下简称"IPCC 方法"）。

生命周期评估法（LCA）是一项自 20 世纪 60 年代开始应用的重要环境管理工具，是为了分析产品和服务而产生的。该方法采用自上而下的计算方法，通过获取产品或服务在生命周期内（包括原材料开采、生产加工、储运、使用、废弃物处理等过程）所有的输入及输出数据得出总的碳排放量。目前主要应用于产品和服务方面，适用于微观层面的碳足迹核算。

投入产出法（IOA）是一种自下而上的计算方法，利用投入产出表计算，通过平衡方程反映初始投入、中间投入、总投入，以及中间产品、最终产品、总产出之间的关系，相比于其他方法，具有原理明确、中间过程清晰、结构完整性强等优点，该方法能够综合反映经济系统内各部门直接和间接的碳排放关系，克服因部门间生产关系复杂而导致的重复或遗漏计算问题，减少了系统边界划定带来的不确定性，已成为宏观层面碳足迹核算的主要方法。该方法系统性较强，计算简便，但计算模型所需数据量较大。

IPCC 方法也称排放系数法，是由联合国政府间气候变化专门委员会编写并提供的计算温室气体排放的详细方法，已成为国际公认和通用的碳排放估算方法。IPCC 方法较为通用的计算公式为

$$碳排放量 = 活动数据 \times 排放因子 \tag{2-2}$$

该方法可以较为全面地核算不同化石燃料燃烧导致的温室气体排放，数据获取方便，计算过程较简便，适用于各尺度的能源碳足迹核算。但是该方法仅适用于研究封闭的孤岛系统的碳足迹，无法从消费角度计算隐含碳排放。

使用最广泛的是 LCA，该方法对研究对象生命周期的各个阶段的温室气体

排放进行计算与评估。LCA 采用"自上而下"的计算模型，出发点是过程分析，利用整个生命周期过程中的投入产出清单来计算研究对象在全生命周期产生的碳排放，系统性较强，因此比较准确。

如今基于 LCA 的碳足迹核算已经应用于不同行业和场景。例如，通过对污水处理过程进行碳足迹核算，从污水处理涉及的整个范围进行评价，将污水处理厂划分为建设阶段、运行阶段和拆除阶段，运用 LCA 方法评估其对环境的影响，并提出针对性的改善措施。快递行业基于生命周期评价原理构建了碳足迹核算模型，将快递生命周期的 11 个步骤划分为包装、分拣建包和运输三个环节，并设计了相应的碳足迹核算方法，首先基于以上提出的快递生命周期确定碳排放的源头，然后采用分类研究的方法核算快递生命周期各个阶段的碳排放量，提出快递行业生命周期各个阶段的节能减排措施。

本书采用 LCA 对数据中心进行碳足迹核算，首先将数据中心生命周期划分为不同的阶段，其次明确不同生命周期阶段中的碳排放源头，然后根据碳排放源头种类的不同，划分到不同的范围，对各个范围内的碳排放进行计算，最后汇总得到数据中心全生命周期的碳足迹。

碳足迹核算对降低碳排放有着重要的意义，只有对企业或者个人活动的各个环节产生的碳排放进行直观表达，才能够做出针对性的、有效的、合理的低碳方案。同时碳足迹分析也是绿色认证的必要依据，有利于形成绿色发展的市场引导机制和技术支撑体系。

2.1.2 碳核算范围

为了提高碳足迹核算的准确性、一致性和规范性，《温室气体核算体系》将温室气体排放分为直接温室气体排放、能源使用引起的间接温室气体排放和其他间接温室气体排放三个范围，如图 2-1 所示，从而保证在同一范围内不会出现遗漏或者两家企业重复计算碳排放的情况。这种温室气体排放划分方式已经被国内外各行各业广泛应用，碳信息披露项目（carbon disclosure project，CDP）成立于 2000 年，是一个非营利组织，目前全球已有大量的组织机构向 CDP 提供碳排放数据，该项目定期对全球规模最大的企业进行调查，以获取其碳排放数据。

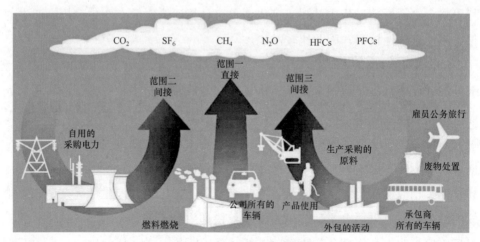

图 2-1　碳足迹核算范围

范围一是直接温室气体排放，指企业所有或可控制的排放源产生的直接温室气体排放，主要从以下几方面产生：① 生产电、热或者蒸汽，来自固定排放源的燃烧，比如发电机、锅炉房、熔炉、厨房等燃料燃烧；② 物理或者化学产生，主要来自化学品或原料的加工生产，例如生产水泥、金属材料等；③ 运输过程，来自企业拥有或者控制的车辆的燃料燃烧；④ 无组织排放，来自温室气体的泄漏，比如冷却系统制冷剂的泄漏、电气系统绝缘气体六氟化硫的泄漏。

范围二是能源使用引起的间接温室气体排放，是企业能源使用的结果，主要包括购买的电力和热力带来的间接温室气体排放，计算方法是以外购或者其他方式流入的电力（热力）减去以外销或者其他方式流出的电力（热力），然后乘以相应的碳排放系数。

范围三是其他间接温室气体排放，是覆盖价值链上下游各项活动（不包括范围二）引起的其他间接温室气体排放，是企业活动的结果，主要是从事以下几方面活动产生：① 非企业所有的车辆的运输活动，包括原料、商品、产品或者废弃物的运输与配送；② 购买或者租赁的产品或服务的使用；③ 废弃物处理；④ 员工公务活动，主要包括上下班通勤、工作时间因公产生的碳排放和商务出行等。

2.2 数据中心生命周期划分

LCA 可以系统地量化与优化产业活动造成的环境效应，该方法已经被国际所认可，是进行碳足迹核算使用最广泛的方法。为了使用 LCA 方法进行数据中心全生命周期碳足迹核算，本节将数据中心的生命周期分为设计建造、运行升级和回收报废三个阶段，如图 2-2 所示。

图 2-2 数据中心生命周期三阶段划分

（1）设计建造阶段：数据中心的设计建造包括建筑建造、空调冷却、给排水、消防、设备购置、调试安装等多项活动。该阶段可分为设计、选址、购置建筑原材料和基础设施、施工队施工、购置 IT 设备（包括服务器设备、存储设备和网络设备等）和基础设施设备（如制冷设备、供电设备、消防安防设备等），以及各类设备安装调试与验收评估等环节。该阶段是数据中心从无到有的过程，是数据中心生命周期的第一个阶段。设计建造阶段完成后，数据中心即可以正式开始运营。数据中心建设周期细分为设计阶段、准备阶段、实施阶段和竣工投产阶段。

该阶段产生的二氧化碳排放主要来自以下几方面：施工过程中施工队的人员活动和设备运行、施工原材料的损耗和施工废物的产生、购买设备和租赁服务等。

（2）运行升级阶段：该阶段是数据中心生命周期最长的阶段，包括数据中心运行、运维以及升级优化等活动。运行阶段包括 IT 设备的正常运行与监测、基础设施与人员管理、环境健康与安全、能源与财务管理等多方面。升级优化阶段是在运行过程中不断提升设备性能和数量、美化环境、提高基础设施的密度，与此同时不断扩充新的业务，增加数据中心客户，提高服务水准。好的数据中心运维方案能够降低数据中心的运营成本，随着国内外对数据中心运维的研究，也逐渐形成了一系列的方法论和国际标准，这些方法和标准被国内外的企业广泛应用，用于提升服务质量和 IT 资源的利用率，同时降低成本。

该阶段产生的二氧化碳排放主要来自以下几方面：数据中心日常运行外购的电力和热力、数据中心断电时由备用电源产生的化石燃料燃烧、数据中心制冷设备造成的制冷剂泄漏等。

（3）回收报废阶段：数据中心运行相当长的一段时间之后，设备性能难以满足不断增长的服务需求，同时基础设施建筑老化，且空间不足无法进行扩充，需要进行重新设计，对数据中心进行淘汰或者重建。数据中心退出服务是一个逐步的过程，在此过程中需要做的是原始的数据中心基础设施建筑等回收报废、IT 设备的转移与淘汰、数据的保存与迁移等。

该阶段产生的二氧化碳排放主要来自淘汰的服务器等 IT 设备和空调等制冷设备在销毁报废过程中造成的碳排放等。

此外，还有些二氧化碳排放发生在数据中心生命周期的各个阶段。例如车辆运输与配送造成的燃料燃烧，在设计建造阶段会运送建筑原材料等；在运行升级阶段园区所属车辆日常使用，在回收报废阶段服务器、空调等设备需要运输至新园区或者报废厂；在数据中心生命周期的各个阶段离不开人员活动，员工工作和出行也会造成一定数量的二氧化碳排放；在数据中心生命周期的各个阶段同样离不开一些基础的服务，比如锅炉房供热、餐厅生火做饭等，这些服务也会造成碳排放。

2.3　数据中心全生命周期碳核算方法

　　2.2 节划分了数据中心的生命周期，并对生命周期各个阶段主要的碳排放进行了说明，接下来就要对数据中心的温室气体排放进行碳核算，参照中国电子学会于 2021 年发布的《数据中心温室气体排放核算方法》中的核算步骤，提出如下核算方法，核算步骤流程图如图 2-3 所示。

　　因为数据中心全生命周期包含多种温室气体，而温室气体中二氧化碳增温效应的贡献最大，为了统一度量数据中心温室效应的结果，将其他温室气体转化为二氧化碳，以二氧化碳当量为度量单位。

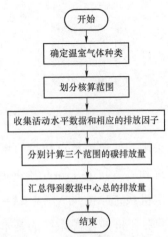

图 2-3　数据中心碳核算步骤

2.3.1　确定温室气体种类

　　数据中心的主要功能是由 IT 设备提供服务或运行计算任务，所以其涉及的温室气体种类较为固定，且有些种类的温室气体排放量小到几乎可以忽略不计。因此在本节的核算方法里，只计算数据中心全生命周期中造成温室效应排名前二的温室气体，分别是外购电力热力和燃料燃烧造成的二氧化碳排放，以及制冷设备制冷剂泄漏。

2.3.2　划分核算范围

　　按照温室气体排放的划分范围，结合数据中心生命周期的各个阶段，将数据中心各个阶段产生的碳排放划分到三个范围中，如图 2-4 所示。

　　（1）范围一指的是数据中心所有或可控制的排放源带来的直接温室气体排放，数据中心拥有和控制的排放源相对较少，主要发生在数据中心运维阶段，如表 2-2 所示。备用电源通常是数据中心自备的柴油发电机，当市电供应中断并且 UPS 储存的电力耗尽时，会启用备用电源，以保证数据中心稳定运行。根据国家标准 GB 50174—2017《数据中心设计规范》要求，A 级数据中心可以采用 2N 系统，通过供电架构的双路冗余，确保数据中心供电安全稳定；也可以

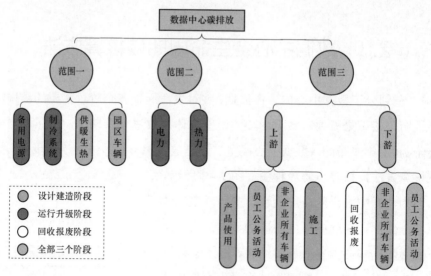

图 2-4　数据中心碳排放核算范围

采用其他避免单点故障的系统，如分布冗余（distribution redundancy，DR）系统和后备冗余（reserve redundancy，RR）系统等。A 级数据中心的后备柴油发电机系统应按照 $N+X$（$X=1\sim N$）进行冗余布置，后备柴油发电机基本容量应包括不间断电源系统的基本容量、空调和制冷设备的基本容量，柴油储备应满足 12h 的用油。一旦柴油发电机运行，柴油燃烧发电过程中会排放大量二氧化碳；服务器等 IT 设备运行时会产生大量的热，为了进行热量疏散，保证机房的正常温度和设备的正常运行，会在数据中心中部署制冷系统，比如空调等制冷设备，这些制冷设备在运行过程中可能会出现制冷剂泄漏，使用自然冷源进行制冷可以减少这一部分温室气体排放；数据中心中不仅会部署机房，还需要满足员工的日常生活，因此锅炉房供暖生热以及食堂餐厅生火做饭造成的燃料燃烧也会产生一定数量的温室气体排放；在园区内会有园区所属的公共车辆的运行，车辆运行会使用化石能源，造成温室气体排放。

表 2-2　　　　　　　　数据中心温室气体排放（范围一）

温室气体排放源	排放活动
备用电源	柴油发电机组柴油燃烧
制冷系统	制冷剂泄漏
供暖生热	锅炉房供暖、餐厅做饭
园区车辆	运维阶段车辆燃料燃烧

（2）范围二是以能源使用为主体的间接温室气体排放，也是数据中心产生碳排放量最多的一部分，主要发生在数据中心运行升级阶段，如表 2−3 所示。为了保证数据中心的正常运行，热力和电力供应必不可少，通常直接从电力公司与热力公司进行外购。电力部分碳排放量又可以分为两部分：IT 设施和基础设施。IT 设施指服务器系统（包含服务器设备和存储设备）、网络系统等信息技术设备；基础设施分为制冷系统、供电系统和其他辅助支撑系统（包含照明系统、监控系统、消防系统、安保系统等）。

表 2−3　　　　　　　　　　　数据中心温室气体排放（范围二）

温室气体排放源	排放活动
电力	外购电力用于园区电力设备使用
热力	外购热力用于园区供热

（3）范围三是以数据中心各类活动引起的其他间接温室气体排放，分为上游和下游两部分，分别对应活动上下游的间接温室气体排放。上游是范围三温室气体排放的第一部分，主要发生在设计建造阶段，如表 2−4 所示。在构建数据中心过程中，购买服务器、制冷设备等各类设备，维护数据中心园区环境的各种服务等，这些产品和服务生产过程会产生碳排放；在选址及数据中心设计建设阶段的员工商务出行和日常通勤也会产生碳排放。居家办公、远程会议等新型工作方式可以减少这部分碳排放；在数据中心建设过程中，需要购买大量建筑材料和基础设施等，将原材料运送至数据中心施工处，虽然未必使用园区所有车辆，但是在这个过程中非园区所有车辆在运输过程中产生的碳排放也应该在计算范围内；在施工过程中会产生很多的碳排放，包括施工队的施工人员日常工作、施工设备的运行、原材料的损耗以及产生的废弃物等。

下游是范围三温室气体排放的第二部分，主要发生在运维和回收报废阶段，如表 2−5 所示。在数据中心正常运行过程中会有设备损耗和更新，在回收报废阶段也需要对设备进行合理的处理，被淘汰产品的报废与回收会产生碳排放；员工商务出行和日常通勤也会产生碳排放；数据中心运行过程中园区所属车辆的日常使用，回收报废阶段处理报废设备造成的运输配送，例如将报废设备运送至回收站等都应包括在计算范围内。

值得注意的是上下游会有相同的产生温室气体排放的活动，比如非数据中心所拥有车辆运输过程中化石燃料的燃烧产生的温室气体排放，其主要的区别是所处的阶段不同。在此规定一个明确的时间界限，在数据中心开始运行之前的运输与配送归到上游，开始运行之后的运输与配送归到下游范围，在核算碳足迹时做到不重不漏。其他上下游相同活动的划分方式类似。

表 2-4　　　　　　　　　数据中心上游温室气体排放（范围三）

温室气体排放源	排放活动
产品使用	购买或者租赁的商品或服务，例如购买服务器等设备或者租赁线上云存储等服务
员工公务活动	设计建造阶段员工商务出行、日常通勤
非数据中心所拥有车辆	设计建造阶段发生的运输与配送，如将建筑原材料或购买的设备运输至数据中心
施工	设计建造阶段施工队的人员和设备造成的碳排放、施工过程原材料的损耗、产生的施工废物等

表 2-5　　　　　　　　　数据中心下游温室气体排放（范围三）

温室气体排放源	排放活动
被淘汰设备报废与回收	淘汰的服务器、空调等设备的报废、回收等活动
员工公务活动	运维和回收报废阶段员工的日常工作、商务出行等
非数据中心所拥有车辆	运维和回收报废阶段发生的运输与配送，如出售产品、运输淘汰设备

2.3.3　收集活动水平数据和相应的排放因子

针对 2.3.2 节数据中心温室气体核算范围中每一项产生温室气体排放的活动，收集其活动水平数据和排放因子，然后计算相应的温室气体排放量。活动水平指产生温室气体排放的各种活动的活动量，例如各种化石燃料的消耗量、原料使用量、净购入的电力和热力等。排放因子是量化单位活动温室气体排放量的系数。活动水平和排放因子的单位应该相对应，两者相乘就是活动产生的温室气体排放量。目前广泛使用的是联合国政府间气候变化专门委员会 IPCC 所公布的碳排放因子数据库。

数据中心里包含众多能产生温室气体排放的活动，活动涉及电气、建筑、交通等众多领域，本书的计算方法仅计算数据中心核算范围内主要活动的温室气体排放。

（1）范围一活动温室气体排放。范围一中备用电源、供暖生热和园区车辆的温室气体排放都是化石燃料燃烧的结果，用 $E_{燃烧}$ 来表示，按式（2-3）计算，为数据中心范围一中各种化石燃料燃烧产生的二氧化碳排放量的总和，单位为 t。在开始计算之前，需要收集各种燃料（主要包括但不限于煤、石油、柴油、天然气）的活动水平数据和排放因子。

$$E_{燃烧} = \sum_{i=1}^{n} AD_i \times EF_i \qquad (2-3)$$

式中：AD_i 为第 i 种化石燃料的活动水平；EF_i 为第 i 种化石燃料的排放因子。

燃料的活动水平数据 AD_i 为第 i 种燃料的净消耗量与燃料的平均低位发热量的乘积。固体和液体燃料净消耗量的单位为 t，气体燃料净消耗量的单位为万 m^3，净消耗量可从购买清单中获取或者使用符合规范的相应器具来测量。固态和液态燃料的平均低位发热量单位为 MJ/t，气体燃料的平均低位发热量单位为 MJ/万 m^3，其具体数值可以来自提供商的数据或者使用符合标准的相关方法测量。

燃料的活动因子 EF_i 为第 i 种燃料的单位热值含碳量与碳氧化率的乘积，最后再乘固定系数 44/12，单位为 t/MJ，具体数值可以参考中国电子学会《数据中心温室气体排放核算指南》中的推荐值。为了统一度量单位，最后乘二氧化碳的 GWP，该值恒为 1。

范围一中制冷系统产生的温室气体排放，是制冷剂泄漏的结果，用 $E_{制冷}$ 来表示，按式（2-4）计算，为数据中心范围一中各种制冷剂逃逸产生的温室气体转化为二氧化碳的排放量的总和，单位为 t。需要收集各种制冷剂的活动水平数据和排放因子。

$$E_{制冷} = \sum_{i=1}^{n} B_i \times GWP_i \qquad (2-4)$$

式中：B_i 为第 i 种制冷剂的活动水平；GWP_i 为第 i 种制冷剂的排放因子。

制冷剂的活动水平数据 B_i 为报告时间范围内第 i 种制冷剂的减少量，用结束时间制冷剂的质量减去开始时间制冷剂的质量，作为逃逸量，单位为 t。制冷剂的排放因子 GWP_i 即为第 i 种制冷剂的 GWP，参照 IPCC 的评估报告。

（2）范围二活动温室气体排放。范围二中因电力使用产生的温室气体排放用 $E_{电力}$ 表示，按式（2-5）计算，为净购入的电力产生的二氧化碳排放量，单位为 t。

$$E_{电力} = AD_{电力} \times EF_{电力} \tag{2-5}$$

式中：$AD_{电力}$ 为电力使用的活动水平；$EF_{电力}$ 为电力使用的排放因子。

电力使用的活动水平数据 $AD_{电力}$ 为数据中心外购的总电量，单位为 kW·h，数值以数据中心电能表读数为准，也可以通过电费缴纳清单中获取；排放因子 $EF_{电力}$ 为数据中心所在区域电网年平均供电排放因子，单位为 t/（kW·h），该值与数据中心所在区域有关，选用国家主管部门最新公布的相应区域电网排放因子。生态部发布的数据中 2021 年全国电网排放因子为 0.5839，2022 年全国电网排放因子为 0.5810。为了统一度量单位，最后乘二氧化碳的 GWP，该值恒为 1。

因热力使用产生的温室气体排放用 $E_{热力}$ 表示，按式（2-6）计算，为净购入的热力隐含的二氧化碳的排放量，单位为 t。

$$E_{热力} = AD_{热力} \times EF_{热力} \tag{2-6}$$

式中：$AD_{热力}$ 为热力使用的活动水平；$EF_{热力}$ 为热力使用的排放因子。

热力使用的活动水平数据 $AD_{热力}$ 为数据中心外购的总热力，单位为 MJ，数值以数据中心热力表读数为准，也可以从热力费用缴纳清单中获取；排放因子 $EF_{热力}$ 为年平均供热排放因子，单位为 t/MJ，使用供热单位提供的或者当地主管部门发布的最新的热力排放因子数据，如果以上两种方式都不可获取，那么可取推荐值 0.11。为了统一度量单位，最后乘二氧化碳的 GWP，该值恒为 1。

（3）范围三活动温室气体排放。按照范围三的划分方式，温室气体排放应该分为上游和下游两部分计算，但是由于上下游有部分重叠的活动，例如非数据中心所有车辆的使用和员工公务活动，在此将相同的项合并计算，合并后主要分为建筑施工、非数据中心所拥有车辆的使用、员工公务活动、产品使用和回收报废五类，单位均为 t。由于这五类活动比较通用，目前已经有了成熟的计算方法，在数据中心中使用并没有什么特殊之处，直接使用现有方法即可。

建筑施工过程中产生的温室气体转化为二氧化碳的排放量用 $E_{建筑}$ 表示，具体计算方法采用国家标准 GB/T 51366—2019《建筑碳排放计算标准》。

在运输原材料和运输报废废品等运输过程中由非数据中心所拥有的车辆产生的温室气体转化为二氧化碳的排放量用 $E_{车辆}$ 表示,具体计算方法可参考相关标准或文献。

在数据中心全生命周期中由人的日常工作、活动、通勤、出差等产生的碳排放用 $E_{员工}$ 表示,具体的计算方法可参考相关标准或文献。

数据中心购买或者租赁的服务或者商品所产生的温室气体转化为二氧化碳的排放量用 $E_{产品}$ 表示,该部分由服务或者商品供应商来提供具体数值,应包括详细的计算方法和数据。

数据中心产生的废弃物或者退出服务时对数据中心进行重建或者拆除时产生的温室气体转化为二氧化碳的排放量用 $E_{回收}$ 表示,计算方法可参考相关标准或文献。

2.3.4　计算数据中心碳排放量

$E_{范围一}$、 $E_{范围二}$ 和 $E_{范围三}$ 分别对应数据中心温室气体排放的三个范围中温室气体转化为二氧化碳的排放量,单位均为 t, $E_{范围一}$、 $E_{范围二}$ 和 $E_{范围三}$ 分别按式(2-7)、式(2-8)、式(2-9)来计算

$$E_{范围一} = E_{燃烧} + E_{制冷} \qquad (2-7)$$

$$E_{范围二} = E_{电力} + E_{热力} \qquad (2-8)$$

$$E_{范围三} = E_{建筑} + E_{车辆} + E_{员工} + E_{产品} + E_{回收} \qquad (2-9)$$

数据中心所有温室气体转化为二氧化碳排放总量等于数据中心三个核算范围内所有温室气体转化为二氧化碳排放量的累加,用 $E_{总}$ 来表示,单位为 t,按式(2-10)计算

$$E_{总} = E_{范围一} + E_{范围二} + E_{范围三} \qquad (2-10)$$

2.4　数据中心低碳管理

本章根据数据中心全生命周期,划分了碳排放核算范围,给出了详细的碳排放核算方法。有了数据中心全生命周期的各个阶段的温室气体排放的数据作为参

考，工程师们在工作中就可以提出针对性的措施，来降低数据中心的碳排放。

数据中心规划建设阶段决定了其能耗特性和碳排放水平，这一阶段主要是通过合理的选址，以及设备、材料的选择，来达到节能降碳的目的。数据中心的合理选址是构建低碳数据中心的首要条件，在选址时，数据中心备选地址的气候情况需要特别考虑。如果外部冷空气可用，那么对降低制冷系统的能耗大有裨益。只考虑气候条件时，气温较冷地区是数据中心最佳选址，研究表明年平均气温在 4.8℃左右，是最适宜的数据中心选址的温度，能够充分利用自然冷却技术来降低能耗。数据中心选址还要求基础设施完善、水源充足、交通运输便利、电力供应稳定可靠、通信方便等。交通便利可以降低全生命周期中配送与运输产生的温室气体排放，而备选地址周围如果有丰富的可再生资源，那么将会很大程度减少碳排放。以阿里巴巴（中国）有限公司的张北数据中心为例，设计 PUE 低于 1.25，由于充分利用了自然冷源，每年只有两周需要开启空调制冷系统，制冷能耗可以降低 60%。该数据中心 PUE 最低可达 1.13，远低于国内同期建设数据中心 PUE 的平均水平。

在建设数据中心时，可采用低碳建筑技术，降低能源消耗，充分利用可再生资源和自然资源，减少温室气体排放，减轻环境负担。低碳建筑主要依靠低碳建材和低碳建筑技术两方面。低碳建材包括节能材料、产能材料、储能材料三大类，是我国绿色建筑的材料保障和建设基础。建筑行业广泛使用的低碳建材包括低碳生态水泥、长寿命生态屋面材料、高性能混凝土、低碳环保型塑料管道，以及环保型黏合剂等。低碳建筑技术包括节能门窗技术、信息感知与绿色建材的深度融合技术，以及光伏建筑一体化技术等。有研究人员提出了基于绿色建筑技术的高层办公建筑节能优化方法，将机房设置在高层建筑的一层，采用地源热泵系统进行供冷，使用石墨厚聚苯板和挤塑聚苯板等建筑材料，门窗采用低辐射玻璃（Low-E 玻璃）和节能门窗技术，不仅在建筑构造时减少了碳排放，而且因为建筑材料的传热系数高，在实际的高层办公楼实例中，可将夏季制冷能耗降低 37%左右。

在数据中心整个生命周期中，运行阶段的电力消耗带来的间接碳排放排在首位，因此减少运行阶段的碳排放量是实现数据中心绿色低碳运行的关键，本节提出一个绿色数据中心低碳运行框架，如图 2-5 所示，并在后续各章对涉及的技术进行详细阐述。

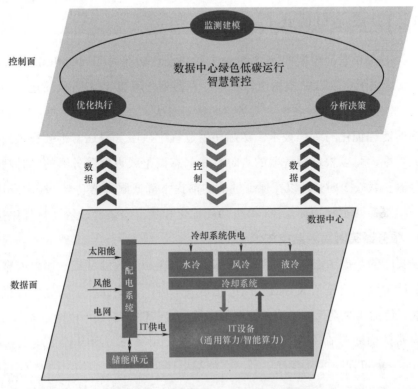

图 2-5　绿色数据中心低碳运行框架

本框架包括控制面和数据面两层，通过数据和控制指令进行交互，管理优化数据中心能耗和碳排放。整体流程分为监测建模、分析决策和优化执行三个环节，对 IT 设备、制冷系统、供配电系统等关键子系统进行精细化监控、建模和调节，通过数据中心能耗和碳排放的闭环管控，最终实现数据中心碳排放的全面可观、精确可测、高度可控。

首先，通过对数据中心内部各类设备的功率、能耗、性能，以及数据中心外部温湿度、风速等多维度指标数据的实时采集，全面掌握影响数据中心能耗的各类因素，为分析和优化提供完善的数据支撑；其次，利用 AI、大数据分析和数字孪生等技术手段，从数据中心整体、设备单体等不同层次建模，挖掘多种因素之间的相关性，识别数据中心能耗、碳排放的规律、瓶颈和异常；最后，综合运用算力资源管理、绿色能源替代和设备智能调控等多种技术手段，进行数据中心能耗与碳排放动态在线调节优化，实现绿色数据中心低碳运行。

2.4.1   IT 设施低碳运行

数据中心一般会根据 IT 设备的最大散热设计功耗（thermal design power，TDP）设计供配电，TDP 根据电源功率计算得到，是 IT 设备全负荷运行的功率最大值。数据中心 IT 设备中，服务器的数量最大、总能耗最高。本书主要介绍服务器的能耗优化与管理技术。实际使用过程中，服务器通常不会长时间运行在最大功率，可以根据服务器的实时负载动态调整或设置服务器的实时功耗，当服务器负载较少时，可以在保证性能的前提下降低服务器功耗，减少碳排放。下面介绍服务器实时功耗监控、单机功耗优化和集群协调管理等能耗优化技术。

1. 服务器实时功耗监控技术

在实际的数据中心中，如果仅计算电力消耗产生的碳足迹，那么依靠电能表读数就可以。但是从服务器功耗优化角度来讲，需要详细了解每一台服务器的性能，包括实时功率、温度、内核频率等，这些性能参数可以通过执行 Linux 系统自带的命令行命令来获取，同时还可以使用第三方命令行工具来获取。s−tui 是一个可视化的命令行工具，在终端以图形方式实时监控 CPU 的温度和功耗、内核的频率和使用率等，每隔一定的时间便会刷新一次值，一般为 1s，间隔时间可以设定，还可以自定义显示数据。智能平台管理接口（intelligent platform management interface，IPMI）是由英特尔（Intel）、惠普（HP）等公司联合制定的用于服务器硬件监控管理的工业标准，目前已经被广泛使用。ipmitool 是一个可以访问 IPMI 接口的命令行工具，可以监控服务器的实时运行状态，如风扇工作状态、CPU 温度电压、电源状态等。

2. 服务器单机耗优化技术

数据中心部署的服务器规模很大，每台服务器的单机功耗优化对总体的能源消耗降低起着重要的作用。可以采用动态电压频率调整技术（dynamic voltage and frequency scaling，DVFS）和平均运行时功率限制技术（running average power limit，RAPL）对单台服务器进行功耗管理和控制。

DVFS 可以根据服务器负载动态调整服务器的频率和电压，当服务器负载任务较少时，适当降低服务器的频率和电压，从而达到降低功耗的目的；当负载增加时，提高频率和电压，从而提升服务器的运行性能。目前很多芯片都支持 DVFS 技术，比如英特尔（Intel）公司的 SpeedStep 技术、安谋国际科技股份有限（ARM）公司的智能能耗管理（intelligent energy manager，IEM）和自适应电压调节（adaptive voltage scaling，AVS）等技术。要实现 DVFS 技术，减少功耗，不仅需要芯片上的硬件支持，还需要软件的协同设计。典型的 DVFS 系统的工作流程包括以下 4 步：计算当前的系统负载、预测系统下一时间段需要的性能、将预测的性能转化为需要的频率并调整芯片时钟、根据频率计算相应的电压并由电源管理模块调整相应的工作电压。

　　RAPL 是 Intel 处理器提供的特性，该特性是在 Intel 的 Sandy Bridge 架构中引入的，并在 Intel 后续版本的处理架构中得到了发展。RAPL 接口允许通过软件设置功率限制，由硬件保证在一个时间段内，服务器的平均功率不会超过限定值。目前 RAPL 已经被广泛应用，有研究在测速模拟器中，将 RAPL 作为一种能量计量工具测量 CPU 的能耗，来量化不同运行速度对应的功耗。还可以使用 RAPL 作为功率采集工具来分析内核的峰值功率，通过 RAPL 来收集一个采样周期的功率数据，然后使用该数据预测在不同设置和不同架构下的峰值功率。CoPPer 基于自适应控制理论进行功率调节，根据应用程序负载的性能要求实时动态调整硬件功率上限，将应用程序的能源效率提高 6%，将内存受限的应用程序的能效提高 16%。ALPACA 基于硬件性能计数器和硬件的 I/O 估计实施能耗，然后使用 RAPL 进行动态的功率限制，ALPACA 能够将电力运行成本降低 40%。

3. 服务器集群协调管理

　　在保证单机功耗降低的基础上，对数据中心服务器集群进行整体的资源协调管理，使用各种资源感知、应用感知的智能资源调度算法，将数据中心的各种资源合理调度可以取得更好的降低功耗的效果。

　　当数据中心某些服务器设备负载过重时，这些服务器上运行的任务可能会因为资源竞争发生阻塞，同时会造成其他设备资源利用率降低，负载均衡是实现资源有效利用和共享的有效手段。基于动态资源调度算法的负载均衡解决方案本着资源使用相对均衡的原则为任务分配物理节点，动态资源调度算法对集群中的资源实时监控，筛选出与平均资源利用率差值较大的物理节点，结合已分配和已使用的资源，选择合适的设备进行动态资源均衡，使物理节点的资源利用率趋近于平均值，实现数据中心内负载的相对均衡。

SHIP 是一种用于大型数据中心的高度可扩展的分层电源控制架构，该架构在整个数据中心中执行功率控制，基于控制理论设计，保证了控制精度和数据中心层面整体的稳定性。Dynamo 是 Facebook 提出的一个针对数据中心范围的电源管理系统，由控制器和 agent 两种系统组件构成，可以管理由数以万计的服务器组成的数据中心的能耗，监控整个数据中心的电力使用，并协调做出控制决策，已经被应用于众多的 Facebook 的数据中心，实验数据表明 Dynamo 优化可以提高 Hadoop 集群 13%的性能，搜索引擎集群的性能提升 40%，并将数据中心的电能利用率提高 8%。

2.4.2　基础设施低碳运行

我国大量的数据中心采用的冷却方式是由空调提供冷风，从而带走服务器产生的热量，但是因局部热点的产生，以及冷热风掺混导致的冷量损失，导致空调送风形式的冷却能效偏低。基于数字孪生、计算流体力学等技术手段，对制冷系统进行精准的建模、仿真和数据分析，对设备进行调节，优化制冷系统的能耗与碳排放，是一种行之有效的方法，本书将在第 6 章和第 7 章介绍相关技术原理和实践。

除针对现有制冷系统的优化之外，各种新型制冷技术的不断出现与成熟，为数据中心低碳运行发挥了重要作用。自然冷源是降低制冷系统能耗的有效方式之一。自然冷源利用分为直接和间接两种方式，自然冷源直接利用是将室外冷空气直接引入数据中心，用室外冷空气完全或者部分代替空调送风，自然冷源间接利用是依靠室内外空气的热量交换实现自然冷源利用。自然冷源有多种技术实现方式，如热管制冷、蒸发冷却等。

服务器液体冷却技术是一种新型的低碳高效制冷方式，因为液体有更高的换热比热容、更大的换热体积流量，以及更大的换热面积，液体冷却通常比空气冷却方法更有效。根据液体和发热源的接触方式可分为直接接触和间接接触两种，直接接触又分为喷淋式和浸没式，间接接触的典型代表方法是冷板式。目前的研究进展表明浸没式液冷有更好的冷却效率，能够更好地满足节能降耗需求，成为数据中心制冷首选。有研究表明，液冷技术的逐渐成熟可将大型数据中心的 PUE 降低到 1.1 以下。

2.4.3　清洁能源使用

使用清洁能源代替化石燃料可以降低直接的温室气体排放。调整数据中心能源结构，在数据中心接入和利用清洁能源，发挥数据中心的地理优势，广泛利用风能、太阳能等各种新能源，能够显著降低数据中心的碳排放水平。例如，数据中心园区内公用车辆使用新能源汽车，安装新能源汽车充电桩；使用太阳能路灯，减少照明设备电能消耗；在园区屋顶安装太阳能板，使用太阳能发电对数据中心供电。

2.5　本　章　小　结

绿色低碳一直是数据中心技术发展的主题。在碳达峰碳中和目标下，数据中心高能耗和高碳排放的问题已经成为一个社会关注焦点。本章从数据中心全生命周期角度阐述了碳足迹核算边界和方法，分析了规划选址对数据中心低碳管理的重要性，提出了数据中心低碳运行管理的框架，从 IT 设备低碳运行、基础设施低碳运行、清洁能源利用三个方面介绍了数据中心低碳运行的关键技术。

第 3 章 数据中心IT设备功率管理技术

数据中心的功率管理与优化已经成为工业界和学术界广泛关注的问题，对数据中心运维管理显得极其重要。合理管理控制数据中心 IT 设备功率，可以在保障业务应用服务质量的情况下，降低 IT 设备能耗，优化设备的部署安排，提高数据中心 IT 设备的数量，提升数据中心整体资源的利用率。本章首先介绍常见的数据中心供电架构，为有效管理服务器的功率，提出了基于机器学习的服务器功率预测技术、数据中心功率超分配技术和功率控制技术。

3.1 基 本 概 念

3.1.1 数据中心供电架构

为了保证数据中心的电力供应稳定可靠，根据 GB 50174—2017《数据中心设计规范》，数据中心应由双重电源供电，并设置备用电源。

数据中心可靠的电源传输依赖于供电系统层次结构中每一层的冗余，从单个服务器的多个电源模块一直到多路市电，图 3-1 展示了基于 2N 规范的数据中心的典型供电结构，由两个独立的供配电单元组成，每台服务器连接到两个独立的供配电单元中，每个供配电单元都可满足全部负载的用电需求，正常情况下两个供配电单元共同运行，分别向服务器提供 50% 的电能，当一侧供配电单元发生故障时，由另一侧供配电单元承担全部的用电需求，保证服务器正常运行。

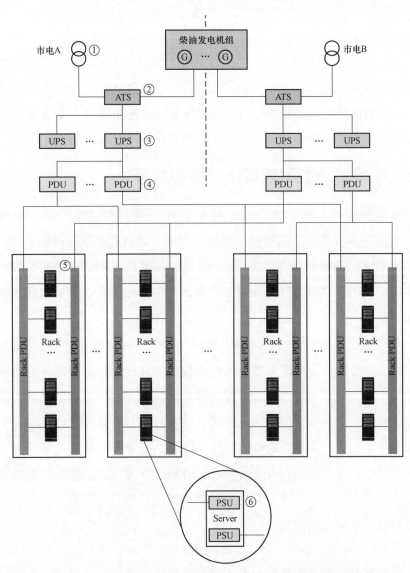

图 3-1　基于 2N 规范的数据中心供电基础设施层次结构

电力从供电网一直到数据中心的服务器中需要经过以下过程。首先电力从电网输送到数据中心的变压器（图 3-1 中的①处），变压器将高压转换成低压输送到数据中心；然后输入到自动转换开关（automatic transfer switch，ATS）（图 3-1 中的②处），ATS 能够在市电中断时，自动迅速切换到柴油发电机，防止数据中心断电；ATS 的输出依次通过不间断电源（uninterruptible power supply，

UPS）（图 3－1 中的③处）、电源分配单元（power distribution unit，PDU）
（图 3－1 中的④处）和机架级电源分配单元（rack power distribution unit，Rack
PDU）（图 3－1 中的⑤处）最终到达服务器。服务器内部通常有多个电源模块
（power supply unit，PSU）（图 3－1 中的⑥处），这些 PSU 连接到不同的供配电
单元，当一侧的供配电单元失电时，与该供配电单元相连的 PSU 无法为服务器
供电，此时服务器需要的电能通过与另一侧供配电单元相连的 PSU 提供。

3.1.2　处理器动态调频调压与功率封顶

服务器的能耗与处理器的工作频率有着较强的相关性，动态调频调压
（DVFS）是一种服务器节能管理中常见的技术，其核心工作原理如式（3－1）
所示，其中 P 代表处理器的功率，αC 是固定的常数，V 和 F 分别代表处理器
的工作电压和工作频率，处理器的工作电压与工作频率是决定处理器功率的两
大关键因素。

$$P = \alpha C V^2 F \tag{3－1}$$

由式（3－2）可知，一台服务器一段时间内的能耗近似等于处理器的功率和时
间的乘积。在没有节能管理措施干预的情况下，处理器一般会以"最大性能"
去完成将要执行的任务，但是由于在绝大多数计算任务执行的过程中对于处理
器的需求并不一致，这并非最佳的选择。如图 3－2 所示，任务一和任务二是同
一个应用程序。在没有 DVFS 干预情况下任务一早早完成，然后处理器处于空
转状态；在 DVFS 的干预下，任务二的执行时间虽然长于任务一，但是避免了
电能的浪费，整体上能耗更低。

$$E = Pt = \alpha C V^2 F t \tag{3－2}$$

服务器功率封顶是指在数据中心或服务器环境中，为了有效管理和控制服
务器的功率而设定的一个最大允许功率值，目前已成为服务器功率管理一种常
见的方法。它可以将服务器的功率限定在预设的上限功率之下，以达到保证服
务器功率安全和节能管理的目的。功率封顶通过服务器内置的功率测量模块来
实时获取服务器的运行功率，然后通过限制处理器或者其他部件的性能将服务
器的总功率控制在设定的上限功率以下。功率封顶技术的使用会在一定程度上
导致服务器的性能退化，但是利用得当可以优化服务器的能效水平，实现服务

器性能与节能的平衡。

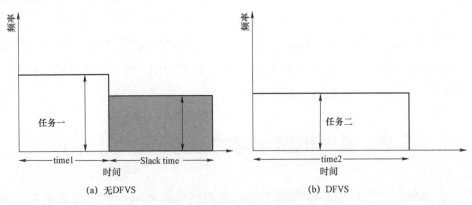

(a) 无 DFVS　　　　　　　　　　　　(b) DFVS

图 3-2　在有无使用 DVFS 下任务的执行对比

实际上，服务器功率封顶通常通过硬件或固件来实现。服务器的硬件设计会包括一些能够监测功率的传感器，当功率接近或超过封顶值时，服务器可以自动采取措施，如调整处理器频率、降低电压或者限制其他硬件组件的性能，以确保功率在合理范围内。

这种功率封顶的机制有助于数据中心维持可持续性运营，降低能源成本，减轻对电力基础设施的压力，并在全球范围内遵循环保标准。同时，它有助于提高硬件的可靠性，防止过高的功率导致硬件故障和过热问题。

英特尔处理器提供了 RAPL 接口以实现功率封顶机制，该接口在 Sandy Bridge 架构首次引入，并在随后的处理器架构迭代中不断发展。RAPL 支持多个功率域（取决于处理器架构）。图 3-3 显示了功率域的层次结构。

根据处理器架构，RAPL 提供以下功率域的全部或部分：

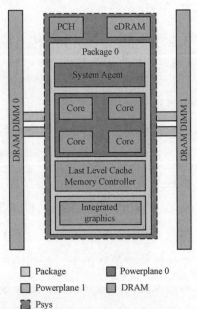

图 3-3　RAPL 功率域

（1）Package：包括整个 CPU 插槽（socket）的功率，包括了所有核心（core）、集成显卡以及非核组件的功率。

（2）Power Plane 0：PP0 域提供了单个插槽上所有处理器核心的功率。

（3）Power Plane 1：PP1 域提供了插槽上 GPU 的功率。

（4）DRAM：DRAM 域提供了连接到集成存储器控制器的 RAM 的功率。

（5）PSys：英特尔 Skylake 提供了一个名为 PSys 的新 RAPL 域。它监视和控制整个 SoC 的热量和功率规格。PSys 包括 PKG 域、系统代理、PCH、eDRAM，以及单个插槽 SoC 上的功率。

3.2　基于机器学习的服务器功率预测

研究和分析数据中心服务器能耗模型对提高数据中心能效有着重要的意义。数据中心是非常复杂的设施，预测服务器功率，进行任务调度优化，可以有针对性地提高数据中心总体能效，或通过对数据中心能耗的形式化描述和优化问题的求解，可以为数据中心能效优化提供方针和策略。本节首先采用基于系统利用率的模型对 IT 设备的功率进行建模，然后采用机器学习算法对服务器功率进行预测。

3.2.1　服务器功率模型

数据中心应用最广的服务器设备的能耗模型主要有加性模型和基于系统利用率模型。

加性模型指的是将整个服务器的能耗形式化成服务器子结构的能耗之和。核心思想是将拟合后的局部非参量函数组合在一起以建立目标模型，因此加性模型可以简单地看作是一种线性回归的改良版本。有学者利用这种思想提出了一种简单的服务器加性模型，该模型考虑了 CPU 和内存的能耗，即

$$E(A) = E_{\mathrm{CPU}}(A) + E_{\mathrm{memory}}(A) \tag{3-3}$$

在加性模型的基础上，延伸出了基于系统利用率的模型。系统能耗由静态能耗与动态能耗两部分组成，而系统的动态能耗与各个子系统资源利用率相关，因此将子系统资源利用率作为变量纳入能耗模型之内。考虑到 CPU 是服务器各个子系统中能耗最大的部件，通常将 CPU 的利用率作为服务器系统能耗模型的变量。计算机的能耗通常是通过所有硬件组件的累积能耗来衡量的，包括处理器、内存、网络和硬盘 I/O 等。

综上所述，可以将 IT 设备的功率建模为

$$P_{all} = sP_{idle} + (P_{peak} - P_{idle})\mu \tag{3-4}$$

式中：P_{all} 包含 $P_{处理器}$、$P_{硬盘}$、$P_{内存}$、$P_{主板}$ 等；s 和 μ 分别表示在运行中的 IT 设备的数量和工作负载的数量；P_{idle} 和 P_{peak} 指的是服务器空闲功率和峰值功率。

3.2.2　服务器功率预测

为了预测 IT 设备的实时功率，本书介绍基于 GBRT - PL 的功率预测方法。该方法通过选取与 IT 设备功率相关性较大的性能指标作为功率建模的特征，利用 GBRT 中多棵回归树的集成预测能力，以及单棵回归树叶子节点的分段线性模型来充分拟合性能指标与服务器功率之间的非线性关系。

梯度提升回归树（gradient boosting regression trees，GBRT）模型是以回归树为基础学习器的提升方法，将多棵回归树进行迭代并线性组合，有效解决了单棵回归树预测准确性低、过拟合等预测能力不足的问题。给定有 m 个特征的数据集 $D = \{(x_i, y_i)\}_1^n$，$x_i \in \mathbb{R}^m$，GBRT 的目标是训练一组回归树 $\{t_k\}_1^T$，最后的输出结果是所有回归树之和，即 $\hat{y}_i = \sum_{k=1}^T t_k(x_i)$。GBRT 训练过程中整体的损失函数为

$$L = \sum_{i=1}^n \ell(\hat{y}_i, y_i) + \sum_{k=1}^T \Omega(t_k) \tag{3-5}$$

式中：ℓ 和 $\Omega(t_k)$ 分别是训练单棵回归树时的损失函数以及防止过拟合的正则化项。

当训练第 $k+1$ 棵回归树时，训练目标是最小化以下损失函数

$$\begin{aligned} L^{(k+1)} &= \sum_{i=1}^n \ell(\hat{y}_i^{(k+1)}, y_i) + \sum_{k'=1}^{k+1} \Omega(t_{k'}) \\ &= \sum_{i=1}^n \ell[\hat{y}_i^{(k)} + t_{k+1}(x_i), y_i] + \sum_{k'=1}^{k+1} \Omega(t_{k'}) \end{aligned} \tag{3-6}$$

计算损失函数的负梯度，并使用泰勒展开，可以将损失函数的第一项展开为两项，即一阶梯度 $g_i = \left.\dfrac{\partial \ell(\hat{y}_i, y_i)}{\partial \hat{y}_i}\right|_{\hat{y}_i = \hat{y}_i^{(k)}}$ 和二阶梯度 $h_i = \left.\dfrac{\partial^2 \ell(\hat{y}_i, y_i)}{\partial \hat{y}_i^2}\right|_{\hat{y}_i = \hat{y}_i^{(k)}}$，删除常数项后损失函数可以近似展开为

$$\tilde{L}^{(k+1)} \approx \Omega(t_{k+1}) + \sum_{i=1}^{n}\left[\frac{1}{2}h_i t_{k+1}(x_i)^2 + g_i t_{k+1}(x_i)\right] \qquad (3-7)$$

由于 GBRT 中单棵回归树的叶子节点是一个常量，即在一定特征范围内对应的值为常量，拟合能力还存在不足。梯度提升的分段线性回归树（gradient boosting with piecewise linear regression trees，GBRT－PL）将 GBRT 中的常量叶子节点替换为分段线性模型，增强了 GBRT 模型的拟合能力。GBRT－PL 的训练框架与 GBRT 一致，每棵回归树的非叶子节点都是通过训练数据特征的阈值进行分割，唯一区别是 GBRT－PL 模型中每棵回归树的叶子节点是分段线性（piecewise linear，PL）模型而不是常量模型，相比 GBRT 模型具有更强的拟合能力。对于叶子节点 s，GBRT－PL 的线性模型可以表示为

$$f_s(x_i) = \sum_{j=1}^{m_s} \alpha_{s,j} x_{i,k_{s,j}} + b_s \qquad (3-8)$$

式中：$\{x_{i,k_{s,j}}\}_{j=1}^{m_s}$ 是数据点 $\{x_{i,j}\}_{j=1}^{m}$ 的子集；$\{k_{s,j}\}_{j=1}^{m_s}$ 是叶子节点的线性模型的回归因子；$\alpha_{s,j}$ 是线性模型的系数。假设第 $k+1$ 棵回归树 t_{k+1} 的叶子节点为 s，I_s 是叶子节点内的一组数据，式（3－7）中的损失函数可以改写为

$$\tilde{L}^{(k+1)} \approx \Omega(t_{k+1}) + \sum_{s}\sum_{i \in I_s}\left[\frac{1}{2}h_i t_{k+1}(x_i)^2 + g_i t_{k+1}(x_i)\right] \qquad (3-9)$$

GBRT－PL 使用线性模型 f_s 拟合叶子节点 s，为防止过拟合为损失函数添加 L2 正则项，即 $\Omega(t_k) = \lambda \sum_{s \in t_{k+1}} \omega(f_s)$。所以，式（3－7）又可以改写为

$$\tilde{L}_s \approx \omega(f_s) + \sum_{i \in I_s}\left[\frac{1}{2}h_i f_s(x_i)^2 + g_i f_s(x_i)\right] \qquad (3-10)$$

将式（3－8）中的线性模型 f_s 代入式（3－10），可得以下损失函数

$$\tilde{L}_s \approx \sum_{i \in I_s}\left[\frac{1}{2}h_i(b_s + \sum_{j=1}^{m_s}\alpha_{s,j}x_{i,k_{s,j}})^2 + g_i(b_s + \sum_{j=1}^{m_s}\alpha_{s,j}x_{i,k_{s,j}})\right] + \frac{\lambda}{2}\|\alpha_s\|_2^2 \quad (3-11)$$

定义矩阵 $\boldsymbol{H} = \text{diag}(h_1,\cdots,h_n)$ 和 $\boldsymbol{G} = [g_1,\cdots,g_n]^{\mathrm{T}}$，$\boldsymbol{X}_s$ 是 I_s 中特征为 $\{k_{s,j}\}_{j=1}^{m_s}$ 的训练数据，将其扩展为一个常数列，正则项使用单位矩阵 $\boldsymbol{I}$ 表示，式（3－11）的损失函数又可以改写为矩阵形式

$$\tilde{L}_s = \frac{1}{2}\boldsymbol{\alpha}_s^{\mathrm{T}}(\boldsymbol{X}_s^{\mathrm{T}}\boldsymbol{H}_s\boldsymbol{X}_s + \lambda\boldsymbol{I})\boldsymbol{\alpha}_s + \boldsymbol{G}_s^{\mathrm{T}}\boldsymbol{X}_s\boldsymbol{\alpha}_s \qquad (3-12)$$

对式（3-12）的损失函数求导，使其等于 0，可以得到最优系数 $\boldsymbol{\alpha}_s^*$，然后根据 $\boldsymbol{\alpha}_s^*$ 得到最终的损失函数 $\tilde{L}_s^*$，表达式为

$$\boldsymbol{\alpha}_s^* = -(X_s^{\mathrm{T}} H_s X_s + \lambda I)^{-1} X_s^{\mathrm{T}} G_s \qquad (3-13)$$

$$\tilde{L}_s^* = -\frac{1}{2} G_s^{\mathrm{T}} X_s (X_s^{\mathrm{T}} H_s X_s + \lambda I)^{-1} X_s G_s \qquad (3-14)$$

因此，在训练 GBRT-PL 模型中的一棵回归树时，分裂一个节点 s 的过程就是找到一个最优分裂点将 s 分裂为 s_1 和 s_2，使得节点分裂之后误差减少的量最大，目标表达式为

$$\underset{j,c}{\mathrm{argmax}} \quad \tilde{L}_{s1}^* + \tilde{L}_{s2}^* - \tilde{L}_{s3}^* \qquad (3-15)$$

GBRT-PL 模型在 GBRT 模型的基础上增强了拟合能力，同时通过优化方法显著提高了运行效率，适合在系统资源丰富的数据中心环境中使用 GBRT-PL 模型进行 IT 设备功率预测。

3.3　数据中心功率超分配技术

数据中心传统的服务器部署方案存在功率容量和空间利用率低的问题，为了充分利用数据中心的功率，提高数据中心的空间利用率和计算能力，可采用功率超分配技术。该技术可以提高数据中心功率容量的利用率，在保持原数据中心功率容量不变的情况下，部署更多的服务器，提高数据中心的空间利用率和计算能力。

当进行功率超分配时，需要考虑数据中心供电层次结构中普遍存在的各种物理功率限制，这些约束均需得到满足。物理功率限制是由供电层次结构中的供电部件的物理特性决定的，违反了物理功率限制，可能会造成断路器断路，从而导致服务中断，影响数据中心安全稳定运行。

功率超分配技术需要对数据中心的功率进行实时监控，当违反功率约束时，将需要降低的功率，分配到该线路所在的服务器上，通过在服务器上执行功率封顶来降低服务器功率，从而降低该线路的实时功率，如图 3-4 所示。

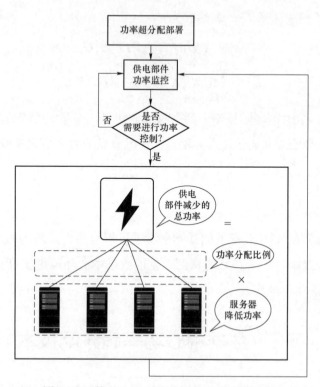

图 3-4　基于 RAPL 的数据中心功率超分配

本节根据数据中心供电结构的特征,设计了功率超分配技术架构,如图 3-5
所示,由功率控制代理（agent）和控制器（controller）两部分组成。

功率控制代理对应数据中心中的服务器,每台服务器部署一个功率控制代
理;控制器对应供电基础设施层次结构中的每一个供电部件,因为当任意一个
供电部件违反功率限制时,采取的措施都是相同的,不同的是供电部件所处供
电级别、配置参数以及连接的服务器不同,因此不同级别供电部件部署的控制
器的功能是相同的。

功率控制代理由四个模块组成:负载管理模块、决策逻辑模块、功率监控
模块以及功率封顶模块。

（1）负载管理模块对服务器上运行的业务负载进行管理,当服务器实时功
率超过服务器额定功率的 90%时,为了降低该服务器的功率,充分利用其他服
务器上的资源,将该服务器上的应用迁移到其他利用率较低的机器上。

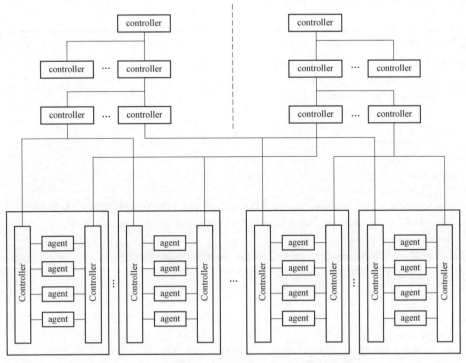

图 3-5　数据中心服务器功率超分配技术架构

（2）决策逻辑模块接收来自上层控制器的请求，如果是读请求的话，调用功率监控模块，如果是功率限制请求的话，调用功率封顶模块。针对多 CPU 的情况，决策逻辑需要监控每一个 CPU 的实时功率，收到上层控制器的请求后，再调用功率封顶模块调整每一个 CPU 的功率设置。同时 agent 的决策逻辑还需要控制服务器自身功率不会超过服务器的额定功率，可通过 RAPL 进行设置（使用 RAPL 设置服务器的功率限制为服务器额定功率的 99% 或者 100%，RAPL 保证服务器的实时功率不会超过限定值），因此在 agent 启动时，需要执行 RAPL 进行功率限制。

（3）功率监控模块通过 Linux 命令行命令或 IPMI 等工具，读取服务器的功率等信息，通过 CPU 的个数，以及各个 CPU 的实时功率，进行加和，得到服务器的实时总功率。

（4）功率封顶模块利用 RAPL 机制，直接读写模型特定寄存器（model specfic register，MSR），完成功率设置。

当功率控制代理收到控制器传来的功率封顶指令时，执行功率封顶和解除封顶动作，算法伪代码如下所示。

算法 1：功率控制代理调度算法

```
agent-cpu-capping (capping_type, target_power):
    cpu_list = get_cpu_list () # 获取 cpu 列表
    if capping_type == capping:
        capping (cpu_list, target_power)
    if capping_type == uncapping:
        uncapping (cpu_list)

# capping 方法
capping(cpu_list, target_power):
    cpu_power_list = get_cpu_power_list(cpu_list) # 获取 cpu 列表中每个 cpu 的实时功率 cpu_power
    total_power = aggregation(cpu_power_list) # 将实时功率进行聚合
    for cpu in cpu_list:
        # 对 cpu 采取 capping 动作,capping 值为 cpu_power/total_power*target_power
        capping (cpu_power/total_power*target_power)

# uncapping 方法
uncapping (cpu_list):
    for cpu in cpu_list:
        # 对各个 cpu 执行 uncapping 动作
        uncapping(cpu_tdp)
```

通常多路服务器配置的多个 CPU 具有相同型号和相同 TDP。但实时负载分布并不均衡，导致每个 CPU 的实时功率不同。算法考虑了这种差异性，按照 CPU 实时功率的比例分配应调整的功率值。例如，CPU1 的实时功率是 80W，CPU2 的实时功率是 20W，整台服务器需要减少 20W 的功率，那么 CPU1 应减少 16W，CPU2 应减少 4W，这样不会对正在运行的任务产生较大的性能影响。如果按照均分策略，CPU1 和 CPU2 各减少 10W，那么会对 CPU2 运行的任务产生较大影响。当接收到解除封顶指令时，直接调用 RAPL 接口，设置 CPU 的功率限制为 CPU 的 TDP 即可。

控制器由三个模块组成：决策逻辑模块、配置管理模块和功率聚合模块，每个机架对应一个控制器。控制器需要保存如下数据项：它所管理的所有的服务器的信息、每台服务器的额定功率、每台服务器的实时功率、两条供电线路能够承受的最大功率、每台服务器需要设置的目标功率、每台服务器由哪条或哪两条线路进行供电。

（1）决策逻辑根据设置的功率限制和实时的功率进行比较，根据结果进行功率封顶和解除封顶动作，在此处可以实现不同的算法。

（2）配置管理模块从数据库中读取各个服务器的实时功率、优先级等信息，以及供电线路能承受的最大的功率。

（3）功率聚合模块将来自功率控制代理的功率数值进行聚合，从而由服务器的功率计算出整个机架的功率。

本书设计了一个三波段的算法来保证功率调节的稳定性。定义一条线路供电的所有服务器的实时功率聚合值为 PT，该条供电线路的最大功率为 MP。

如图 3-6 所示，定义了变量 CT、CTG 和 UT，这三个变量都是百分比值。

（1）CT：功率封顶阈值（capping threshold），当 PT＞MP×CT 时，执行功率封顶操作。

（2）CTG：功率封顶目标（capping target），当进行功率封顶时，尝试将 PT 降低到 MP×CTG 以下。

（3）UT：解除功率封顶阈值（uncapping threshold），当 PT＜MP×UT 时，尝试解除服务器的功率封顶限制。

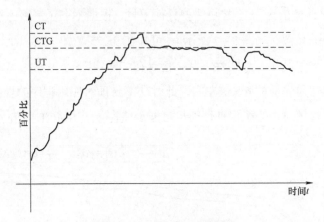

图 3-6　功率曲线与阈值

考虑不同服务器中运行的业务负载的重要性和服务质量要求不同，服务器被分为高中低三个优先级，优先级越高，受到功率限制时，对性能和用户的影响就越大。例如，缓存服务器属于比数据库服务器和 Web 服务器更高的优先级组，因为少量的缓存服务器可能会影响大量的用户和服务器，对业务性能也会有更直接的影响。而数据库服务器的性能会影响大量的网页服务器的性能，因此数据库服务器比网页服务器有更高的优先级。因此缓存服务器应该是高优先级，数据库服务器为中优先级，网页服务器为低优先级。当需要进行功率封顶操作时，按照优先级从低到高的顺序选择服务器并执行相应动作。

在每个优先级中按照服务器的平均 CPU 利用率从高到低对服务器进行排序，将需要减少的总功率按以上顺序分配给服务器，为了防止过度调节对服务器造成的影响，在调节过程中，将需要减少的功率分配给尽可能多的服务器。首先对服务器实时功率超过自身额定功率 95%的服务器进行调节，将其降低到额定功率的 95%。比如服务器的额定功率为100W，则其95%是95W，如果服务器的实时功率是 98W，那么该服务器需要减少的功率应为 $98-95=3$（W），按照这样的方法依次进行分配，如果对实时功率超过自身额定功率 95%的服务器进行调节不能满足功率要求，以每次 3%的步频逐步降低限制，直到满足功率要求。

在进行功率封顶时，每台服务器都应该有一个理论上的比例下限 SMCT，假设服务器的功率封顶值为 PCV，服务器的额定功率为 SMRP，当 PCV＜SMRP×SMCT 时，服务器的性能会受到较大影响。

SMCT 的具体值因服务器硬件差异而不同。根据本书示例服务器的不同功率和频率之间的关系图（如图3-7所示），可知在93.75W 即 75%以上，随着功率封顶值的下降，频率几乎是呈线性下降，但是在 75%以下，虽然频率仍然是线性下降，但是斜率却是先前的 6.5 倍左右，此时功率封顶对应用程序的性能影响剧增。所以进行功率封顶时，为了保证性能尽可能少受影响，SMCT 取值为 75%。

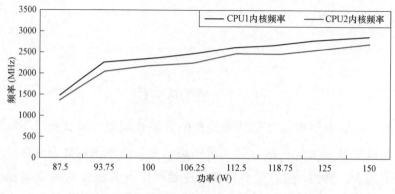

图3-7　服务器的不同功率和频率之间的关系图

算法伪代码如下所示。

算法 2：controller-agent 的调度算法

```
controller-agent-capping():
    line_list = get_line_list() # 获取为该 controller 供电的线路列表
    for line in line_list:
        server_list = get_server_list(line) # 获取该线路供电的所有服务器列表
        server_power_list = get_server_power_list(server_list) # 获取服务器列表中的每台服务器的实时功率
        total_power = aggregation(server_power_list) # 将实时功率进行聚合
        if total_power > 线路最大功率 * capping_threshold:
            # 进行 capping 动作
            sort_by_cpu_usage(server_list) # 将 server_list 列表按照优先级从低到高(相同优先级按照平均 cpu 利用率从高到低的顺序)排序
            total_capping = total_power－线路最大功率 * capping_target()
            # 从 95%开始,每次降低 3%,计算服务器的 capping 百分比
            capping_percentage = test_capping_value(total_capping, server_list)
            for server in server_list:
                server_capping = 服务器实时功率－服务器 TDP * capping_percentage
                if server_capping < total_capping:
                    # 对服务器采取 capping 动作,capping 的目标值为服务器 TDP *capping_percentage
                    capping(服务器 TDP * capping_percentage)
                    total_capping = total_capping－server_capping
                else:
                    # 对服务器采取 capping 动作,capping 的目标值为服务器实时功率－total_capping
                    capping(服务器实时功率－total_capping)
                    total_capping = 0
        if total_power < 线路最大功率 * uncapping_threshold():
            if 该线路处于 capping 状态:
                # 进行 uncapping 动作
                for server in server_list:
                    # 将处于 capping 状态的服务器的功率限制设置为服务器额定功率
                    uncapping(服务器额定功率)
            else:
                continue
# 计算 capping 百分比
test_capping_value(total_capping, server_list):
    test_percentage = 0.95
    while(test_percentage > 0):
        if 将 capping 百分比设置为 test_percentage 满足功率要求:
            return test_percentage
        else:
            test_percentage -= 0.03
```

3.4　服务器集群功率控制技术

云计算、大数据、机器学习等技术的发展，用户对数据存储、处理与智能分析等需求越来越大。通过服务器虚拟化技术，数据中心可以提供更加灵活的资源，以承载更多的应用服务，并提高服务的可管理性。但是，随着数据中心服务器系统规模的扩大，如何保证服务器集群的可靠性与应用的服务质量成为数据中心运维面临的一个显著挑战。

控制理论已成为功率和性能控制的有效手段。即使当系统模型由于诸如工作负载变化等各种系统不确定性而显著改变时，控制理论也可以应用于定量分析控制性能。本书使用模型预测控制（model predictive control，MPC）理论设计了数据中心服务器集群功率控制技术，通过算力资源的管理调度，提高虚拟机服务器性能，同时控制好服务器的功率。MPC 是一种先进的控制技术，可以处理耦合的多输入多输出（multi-input multi-output，MIMO）和带有约束条件的控制问题，具有对未来预测的能力，可以提前做出相应的预判，因而这个特性使 MPC 非常适合集群中的功率控制。

本书设计了一个双层级控制架构，包含集群级功率控制层和虚拟机性能控制层。其中，集群级功率控制层为主控制层，虚拟机性能控制层为二级控制层。这两层控制架构分别对集群电力功率资源和服务器上的虚拟机的 CPU 资源进行调度控制，在保证服务器性能的同时，控制集群级功率的开销。

在集群级功率控制层中，通过动态电压和频率调节 DVFS 技术对服务器功率进行控制；在虚拟机性能控制层中，通过调节分配给虚拟机上的 CPU 资源对服务器性能进行控制。

（1）服务器集群功率控制技术。集群级功率控制层是双层级控制架构中的主控制层，是基于集群级的功率控制而设计的架构，每个集群含有一个集群级功率控制层，架构如图 3-8 所示。

在集群级功率控制层中包括集群级的功率控制器和功率监控器、服务器级的 CPU 频率调节器，以及虚拟机级的性能监控器（主要负责监控应用响应时间）。集群级功率控制器将提供一个接口，给不同服务器分配不同的功率分配权

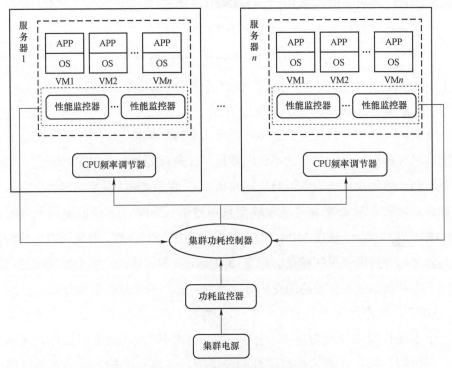

图 3-8　服务器集群功率控制框架

重，该权重代表集群应分配给服务器的功率比重；并且将上一控制周期中每台服务器上的所有虚拟机的应用响应时间总和与所有服务器上的所有虚拟机的应用响应时间的总和之比作为每台服务器的响应时间比重，将服务器的响应时间比重作为功率控制器分配给集群应分配给各服务器的功率权重值。然后，计算集群上所有服务器的响应时间平均比重，并为响应时间比重高于平均水平的服务器分配更多功率，也减少对响应时间比重低于平均水平的服务器的功率分配。集群功率的分配也是通过 CPU 的 DVFS 实现的。显然，分配的功率总量不能超过机柜的最大功率值，且各服务器的 CPU 频率也只能在 CPU 本身限定的范围之内。

　　基于控制理论原理，可以得到第 i 台服务器的功率模型为

$$\text{Power}(k+1,i) = \text{Power}(k,i) + a_i \Delta f(k,i) \tag{3-16}$$

式中：a_i 是一个广义参数，其具体值会因服务器系统和工作负载的不同而变化；$\Delta f(k,i)$ 代表服务器 i 在第 k 个控制周期中处理器的 CPU 频率的变化量；

$\text{Power}(k, i)$ 代表服务器在第 k 个控制周期中的功率。

基于上述的系统模型，可得集群级总功率控制系统模型为

$$\text{Power}_{\text{total}}(k+1) = \text{Power}_{\text{total}}(k) + A\Delta f(k) \qquad (3-17)$$

式中：$\text{Power}_{\text{total}}(k)$ 代表第 k 个控制周期所有服务器的总功率；$A = [a_1, a_2, \cdots, a_{N_{\text{server}}}]$；$\Delta f(k) = [\Delta f(k,1), \Delta f(k,2), \cdots, \Delta f(k, N_{\text{server}})]^{\text{T}}$。

集群级功率控制器是基于上述集群级功率控制架构，且在不考虑 CPU 资源分配情况等前提下设计的。功率控制器提供一些配置接口，包括功率设定值、控制周期、控制权重（服务器响应时间比重），以及 CPU 频率范围等。采用的集群级功率控制算法主要是基于模型预测控制（MPC）理论的多输入多输出（MIMO）控制算法。通过 MIMO 算法选择合适的控制参数，避免无限迭代的调整和测试，并且保证控制精度、稳定性和控制周期等性能，缩小控制误差。当系统工作负载出现不可预测的变化时，可以对控制系统进行量化分析。

MPC 控制器优化了未来定义在一段时间间隔上的价值函数。该控制器利用一个系统模型来预测覆盖 P 个控制周期的控制行为，而 P 则被称为预测时域。其控制目标：在满足约束条件的前提下，选取一个输入轨迹使价值函数最小化。输入轨迹包含下列 M 个控制周期内的控制输入：$\Delta f(k), \Delta f(k+1|k), \cdots, \Delta f(k+M-1|k)$，其中，$M$ 被称为控制时域，$\Delta f(k+i|k)$ 表示 $(k+i)T_{\text{power}}$ 时刻的变量 Δf 的值依赖于 kT_{power} 时刻的条件，T_{power} 是功率控制层控制周期。一旦输入轨迹被加入运算，只有第一个元素 $\Delta f(k)$ 被用作系统控制输入。在下一个控制周期末端，预测时域向后滑动一个控制周期，并且根据功率监控器得到的反馈值 $\text{Power}_{\text{total}}(k)$ 重新计算输入 $\Delta f(k)$。需要注意的是，在现实系统中控制器运用的系统模型存在不确定性和不准确性，使得初始预测结果可能并不正确，因而根据功率监控器得到的反馈值 $\text{Power}_{\text{total}}(k)$ 重新计算控制输入这一步十分重要。

在每个控制周期的末端，控制器计算出控制输入 $\Delta f(k)$ 以最小化下述价值函数

$$\text{value}(k) = \sum_{i=1}^{P} \| \text{Power}_{\text{total}}(k+i|k) - \text{ref}(k+i|k) \|_{Q(i)}^2$$
$$+ \sum_{i=1}^{M-1} \left\| \Delta f(k+i|k) + f(k+i|k) - f_{\max}(i) \right\|_{R(i)}^2 \qquad (3-18)$$

式中：P 是预测时域；M 是控制时域；$ref(k+i|k)$ 表示参考轨迹；$f_{max}(i)$ 表示服务器 i 的峰值频率；$Q(i)$ 是跟踪误差权重；$R(i)$ 是控制罚权向量。

价值函数的第一项代表跟踪误差，即总功率 $Power_{total}(k+i|k)$ 和参考轨迹 $ref(k+i|k)$ 之差。参考轨迹定义了一个理想轨迹，即总功率 $Power_{total}(k+i|k)$ 应该由当前值 $Power_{total}(k)$ 转变为设定值 $Power_{set}$（即集群的功率预算值）。设计此控制器来跟踪指数参考轨迹，从而使闭环控制系统可以类似线性系统运行，以此简化控制系统的实现，提高系统可行性。通过最小化追踪误差，若系统稳定，闭环控制系统将收敛于功率设定值 $Power_{set}$。价值函数的第二项，即控制罚项，使控制器随着控制时域通过最小化峰值频率 $f_{max}(i)$ 与新频率 $f(k+i+1)=\Delta f(k+i|k)+f(k+i|k)$ 之差，来优化系统性能。控制罚权向量 $R(i)$ 是可以进行设置的，并且可以用于表示不同服务器的优先级。

在集群级功率控制层，将集群级功率作为控制目标，同时考虑根据各服务器对各自响应时间的反馈情况，对各台服务器按需分配集群功率，即通过调节各服务器的 CPU 频率来实现功率分配，使集群电力功率能够被充分有效利用，并达到有效降耗的效果。在研究集群级服务器数据中心的功率问题上，对于降耗的最终目的在于降低整个集群的总能耗，而不仅仅是提高集群中某个部件或组成的性能或降低其某一部分的功率而已，考察整体的功率情况才具有现实意义。

因此，选择将集群级的总功率管理作为一个控制层，根据各服务器的各个虚拟机上性能控制层对 CPU 资源使用情况的反馈，通过 DVFS 来按需调整每台服务器的 CPU 频率，进而动态控制集群内部所有服务器的整体功率。在集群级功率控制过程中，通过功率控制器提供一个接口，根据从上一控制周期得到的各服务器对各自响应时间数据的反馈情况，对各台服务器按需分配集群功率，即给不同服务器分配不同的功率分配权重，并通过 DVFS 来调整每台服务器的 CPU 频率，从而使集群级功率控制器能动态控制集群内部所有服务器的整体功率，在满足硬件本身的功率、CPU 频率限定的范围内，实现对集群功率资源的合理分配，使集群电力功率能够被充分有效利用，并实现保证有效降耗的目的。

（2）虚拟机性能控制技术。虚拟机性能控制层是双层级控制架构中的二级控制层，是基于服务器的性能控制而设计的架构，每台虚拟机含有一个虚拟机性能控制层,架构如图 3-9 所示。虚拟机性能控制层,通过实际集群环境下服务质量感知的监测建立有效的性能控制模型,在实施集群降耗策略的同时,仍能保证期望的集群性能。根据集群级功率控制层对性能控制层的资源控制调度,同时性能控制层也将 CPU 资源的使用情况、应用响应时间等信息反馈给集群级功率控制层,从而实现服务器系统的功率和虚拟机上的应用程序性能协调控制。

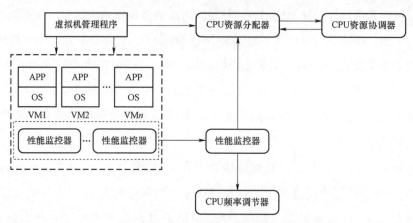

图 3-9   虚拟机性能控制架构

在虚拟机性能控制层,对于每台服务器上的每台虚拟机都有一个性能监控器,通过调整分配给虚拟机的 CPU 资源(CPU 时间片)动态控制虚拟机上的应用性能表现。另外,控制层通过控制平均响应时间来降低单一 Web 请求的长延迟带来的影响。假设一个 Web 服务器的响应时间与其他任一 Web 服务器独立不相干,在通常情况下这个假设是成立的,这些 Web 服务器可能属于不同的用户,因此对每台虚拟机设置了一个性能控制环。在性能控制过程中,通过性能控制器提供一个接口,根据从上一控制周期得到的各虚拟机对各自响应时间数据的反馈情况,对各台虚拟机按需分配所在服务器的 CPU 资源,即给不同的虚拟机分配不同的 CPU 资源分配权重。从而使性能控制器能动态控制服务器的 CPU 资源分配,在满足硬件本身的 CPU 资源量、CPU 频率限定的范围内,实现对服务器 CPU 资源的合理分配,使服务器 CPU 资源能够被充分有效利用,实现保证服务器性能的目的。

性能控制层中的主要控制部件包括服务器级的性能控制器、CPU 资源分配器和 CPU 频率调节器,以及虚拟机级的性能监控器(主要负责监控应用响应时间）。性能控制器提供一个接口，给不同虚拟机分配不同的 CPU 资源分配权重，该权重代表服务器应分配给虚拟机的 CPU 资源比重，并且根据上一控制周期中各虚拟机对各自响应时间数据的反馈情况，计算得到每台虚拟机的应用响应时间，计算服务器上所有虚拟机的响应时间总和，以每台虚拟机的响应时间与服务器上所有虚拟机的响应时间总和的比值作为每台虚拟机的响应时间比重，将虚拟机的响应时间比重作为性能控制器分配给服务器应分配给各虚拟机的 CPU 资源权重值。然后，计算服务器上所有虚拟机的平均响应时间，并为响应时间高于平均水平的虚拟机分配更多的 CPU 资源，也减少对响应时间低于平均水平的虚拟机的 CPU 资源分配。对虚拟机进行的 CPU 资源分配是通过 CPU 资源分配器和虚拟机管理程序完成的，从而使性能控制器能动态控制服务器上的 CPU 资源，使服务器上各虚拟机能够达到响应时间要求。服务器的 CPU 资源主要指 CPU 时间片，显然，分配的 CPU 资源总量不能超过服务器的最大 CPU 资源量（受 CPU 频率、功率限定）。

由于计算机系统的复杂性，第 k 个控制周期的平均相对响应时间 $\mathrm{rres}_{\mathrm{VM}}(k,i)$ 与服务器相对 CPU 分配量 $\mathrm{ra}(k,i)$ 之间的准确关系通常是非线性的。为简化控制器设计，将非线性模型转化为线性模型，本算法不直接利用 $\mathrm{rres}_{\mathrm{VM}}(k,i)$ 和 $\mathrm{ra}(k,i)$ 来建立系统模型，而是利用它们各自与其对应的实际监测值 $\mathrm{rres}_{\mathrm{VM}}(i)$ 和 $\mathrm{ra}(i)$ 之差进行系统建模。平均相对响应时间 $\mathrm{rres}_{\mathrm{VM}}(i)$ 和服务器相对 CPU 分配量 $\mathrm{ra}(i)$ 又分别作为平均相对响应时间和服务器相对 CPU 分配率的典型值。由此，性能控制层系统模型的控制输出为

$$\Delta\mathrm{rres}_{\mathrm{VM}}(k,i) = \mathrm{rres}_{\mathrm{VM}}(k,i) - \mathrm{rres}_{\mathrm{VM}}(i) \qquad (3-19)$$

控制输入为

$$\Delta\mathrm{ra}(k,i) = \mathrm{ra}(k,i) - \mathrm{ra}(i) \qquad (3-20)$$

控制输出设定值为

$$\Delta\mathrm{RRset}_i = \mathrm{RRset}_i - \mathrm{rres}_{\mathrm{VM}}(i) \qquad (3-21)$$

根据系统识别可得到性能控制层系统模型为

$$\Delta\mathrm{rres}_{\mathrm{VM}}(k,i) = a_1\Delta\mathrm{rres}_{\mathrm{VM}}(k-1,i) - b_1\Delta\mathrm{rres}_{\mathrm{VM}}(k-1,i) \qquad (3-22)$$

式中：a_1、b_1 是系统模型的系数。

根据标准控制理论，可以设计得到性能控制器为

$$\Delta ra\,(k,i) = c_1[\Delta RRset_i - \Delta rres_{VM}(k,i)] + c_2\sum_{j=1}^{k}[\Delta RRset_i - \Delta rres_{VM}(i,j)] \quad (3-23)$$

式中：c_1、c_2 是控制参数；$\Delta ra\,(k,i)$ 是服务器 i 在第 k 控制周期的相对 CPU 分配量；$\Delta RRset_i$ 是服务器 i 的系统期望的相对响应时间设定值；$\Delta rres_{VM}\,(k,i)$ 是服务器 i 上所有虚拟机在第 k 控制周期的平均相对响应时间的变化量。

3.5 本 章 小 结

随着数据中心业务规模的不断扩大与需求的急速攀升，如何在有限的基础设施承载能力之内，进一步提升数据中心的容量，容纳更多的设备，成为制约数据中心发展的一个重要问题，也对数据中心全生命周期的碳排放有着显著影响。

本章研究了面向服务器的功率管理技术，设计了功率超分配算法和集群功率控制算法，尝试更合理、智能地利用功率资源，从而降低数据中心的整体能耗和运营成本，提高运行质量与可靠性，减少碳排放。

第 4 章　数据中心算力资源能耗优化技术

数据中心的算力主要包括通用算力和智能算力两种类型。通用算力主要是 CPU 服务器，以运行传统的业务应用为主，如 Web 应用、大数据分析、办公自动化等；而智能算力主要是由 GPU 服务器、存储和高速网络组成，主要用于承载大模型、机器学习、深度学习训练和推理等任务。针对这两种算力的业务负载需求、硬件特征、资源数量等因素，本章设计了面向绿色低碳目标的资源管理技术方案，在保证数据中心稳定运行和服务质量的同时，降低算力资源的能源消耗和碳排放量。

4.1　通用算力资源管理技术

为提供弹性的计算、存储与数据分析服务，目前的数据中心一般采用虚拟化的部署方案，包括虚拟机（virtual machine，VM）和容器两种主要的技术。虚拟机是在物理服务器上运行虚拟机监控器程序（virtual machine monitor，VMM），由虚拟机监控器创建和管理虚拟机，将服务器硬件资源在多个虚拟机之间共享，达到提高资源利用率和灵活管理的目的。容器将应用程序的代码与相关配置文件、库以及运行应用所需的依赖项捆绑在一起，为应用程序提供标准化、可移植的打包。相对于虚拟机，容器直接共享服务器的 CPU、内存、存储和网络资源，是一种轻量化的解决方案。

由于数据中心任务负载的动态性（如负载类型、负载强度、负载的时空分布等动态变化），数据中心各服务器的使用率也随之动态变化。数据中心任务动态到达与服务器节点动态变化是一个典型的具有马尔可夫性的随机动态系统，即系统的未来状态是随机的，并且其状态转移概率具有马尔可夫性。另外，由于不同服务器的硬件配置及其性能的异构性，其上运行不同类型、不同强度的负载时其功耗也具有较大的变化。因此，传统的经验型的、半自动半手动的数据中心功耗管理方法，已无法适应弹性云计算环境下数据中心的动态可扩展、自适应的系统架构与严苛的服务质量与可靠性要求，也无法针对负载变化动态优化数据中心的负载分布和功耗分布，从而降低整个数据中心的能耗。

数据中心在运行过程中产生了大量的运行日志，包括服务器硬件设备状态信息、资源使用信息、任务运行时信息、各类部件的功率信息等，这些日志数据反映了数据中心实时的运行状态及其资源分配情况，通过对这些数据的挖掘和分析，可以剖析数据中心的运行模式，包括任务特征（任务到达模式、任务持续时长、任务等待时间、任务完成时间等）和服务器功耗及资源分配模式，用以指导数据中心的功耗管理与优化。

4.1.1 基本概念

针对通用算力资源管理的主要技术手段是资源调度，大体可分为物理资源调度和虚拟资源调度两类。

服务器物理资源调度的方案主要有三种：负载集中技术（load concentration，LC）、动态电压功率调整技术（dynamic voltage and frequency scaling，DVFS）和空闲时间管理技术（PowerNap）。其中 LC 技术采用的主要思想是休眠服务器，通过分析任务的资源需求特性将其集中到少数几个服务器上，并关闭其他空转节点，以提高资源利用率并降低能耗，但是高负荷运转的节点，以及重新开启节点引起的时延问题会导致性能降低。

PowerNap 技术认为高性能的 active 状态与低功耗的 idle 状态之间的快速切换可以显著降低服务器的整体能耗。DVFS 技术可根据 CPU 利用率，在多个级别之间，动态调整电压和时钟频率，到达降低功率的目的。这两种技术都依赖于 CPU 的变频能力，无法应用于不具备变频能力的其他硬件设备，如内存等，从而制约了数据中心整体能效优化。与此同时，考虑到任务负载的资源需求多样性，基于多种资源的多目标能效优化机制设计更贴近于真实数据中心场景，也更具实践价值。

此外，还有一些研究从构建新型节能网络架构的角度来改善网络的性能和能效，如 Flatted - butterfly 和 PCube 等。

虚拟资源调度是利用资源和应用实例的工作负载完全沙箱化（sandboxed），并动态分配到不同的跨共享物理平台的虚拟机中，为性能的隔离（performance isolation）和资源利用率的改善提供了重要技术手段。将虚拟机中应用的实例打包并且使之可以在不同的服务器间迁移，既为数据中心提高资源利用率和降低能效带来了机遇，也为该类系统综合考虑资源利用率、系统性能和能耗的建模与算法优化带来挑战。例如，根据虚拟机上负载的分布情况，实现虚拟机的按需整合，将其迁移到最小数量的物理服务器上，以提高资源利用率和降低能耗。

一般而言，虚拟化资源调度分为局部调度和全局调度，前者涉及如何在虚拟机之间合理共享物理机的 CPU、内存和 I/O 资源；后者解决如何优化组合虚拟机实现物理机间的平衡负载。虚拟化资源的全局调度主要有三种机制：

（1）基于静态服务器整合的机制是利用虚拟机历史负载和服务水平协议（service - level agreement，SLA）确定虚拟机的资源配额，并结合物理服务器的容量来计算服务器整合方案。静态整合问题通常转化为矢量装箱问题（vector bin - packing problem），利用现有矢量装箱算法或遗传算法进行求解。该机制虽然实施简单、稳定可靠，但是寻找优化的组合方案很困难，且适应性较差。

（2）基于虚拟机热迁移的机制是将正在工作的虚拟机迁移到另一台物理机上而不影响其运行。如 Sandpiper 根据各物理机和虚拟机的统计数据设计迁移调节方案，而 VirtualPower 是一个兼顾资源利用率和能耗的负载均衡调度器，利用结合动态服务器整合腾出空闲物理主机的技术能够节省约 34% 的能耗。该机制方便于系统资源的动态调整，但是过度依赖集中式存储，调度网络开销较大。

（3）基于负载重定向的调度机制是通过导向负载以控制资源在应用之间的分配。例如让每个应用提供估价函数来描述其期待的性能，调度算法根据每个应用的估价和成本来设计资源配比方案以最大化收益；根据当前负载和布局，运行最大流算法在不改变布局的情况下通过调整负载来满足应用需求。该机制支持应用层的 SLA，不依赖于集中式存储，但只支持基于请求 - 响应的应用，且要求应用无状态。

4.1.2　基于强化学习的虚拟机能耗感知调度方法

本节采用基于强化学习的数据中心虚拟机调度方法降低服务器功耗。首先对负载特征进行预测，识别出服务器节点所处的状态，使用建立的数据中心虚拟机预测模型判断当前节点是否可以置于睡眠状态、增加或降低节点上的虚拟机负载以提高数据中心整体能效比，即服务器每单位瓦特耗电量下完成的任务量。然后，使用强化学习方法来决策当前服务器节点是否需要把其上的虚拟机迁移出去，以及迁移到哪些对应的服务器节点上。本方法具体包括两部分：基于贝叶斯分类方法的负载特征预测方法和基于强化学习的虚拟机调度方法。

（1）基于贝叶斯分类方法的负载特征预测方法。通过预测数据中心任务到达的时间间隔，可以根据任务间隔时间来对任务进行优化的分配和调度，以节省数据中心功耗。

根据数据中心任务负载的历史数据来预测下一时刻请求的到达间隔，把间隔时间分成"长""短""未知"三类，计算已知条件下未来任务负载可能分布的概率，从中选择概率最大的类别作为预测结果，预测当前服务器节点的下一个任务的到达间隔时间，以此来判断是否可以把当前服务器节点置于睡眠状态。

如图 4-1 所示，SR 是达到数据中心的任务负载的合集，SQ 是数据中心已有的任务队列，SP 为服务器节点。分类结果"未知"表示在某次预测中其间隔为"长"和"短"的概率相差较小的情况下的保守性估计，即不对其进行长短的结果预测。使用系统日志中已有任务的服务间隔时间作为输入特征向量 $x = (x_1, x_2, \cdots, x_n)$，$x_i = 1$ 代表对应的间隔时间大于已设定的阈值时间，否则 $x_i = 0$。分类器的输出结果表示下一个任务的间隔时间是否大于设定的阈值时间。

（2）基于强化学习的虚拟机调度方法。要解决在数据中心到达负载及服务器节点功耗状态不断变化过程中的连续的虚拟机任务调度与功耗优化决策过程，即通过优化虚拟机调度达到数据中心功耗最小化。本节首先阐述对该问题的建模过程，然后详细描述基于强化学习的虚拟机调度方法的流程。

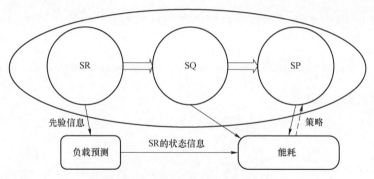

图 4-1　数据中心任务负载预测

　　数据中心是一个典型的具有马尔可夫性的随机动态系统，在数据中心运行过程中，在给定当前状态，以及过去所有状态的情况下，其未来状态的条件概率分布仅依赖于当前的状态。即在给定现在状态时，它与过去状态（即该过程的历史路径）是条件独立的。通过一个五元组 $[S, A, P(\cdots), R(\cdots), \gamma]$ 来描述一个典型的数据中心，如图 4-2 所示。其中：

　　● S 是一组有限的数据中心服务器节点状态集，即数据中心负载分布及节点任务执行状态，包括 CPU 利用率、内存利用率、服务器当前能效比值，以及节点上运行的任务类型。把 CPU 利用率分成 10 档，$\{c_1, c_2, \cdots, c_{10}\}$ 分别对应 CPU 利用率为 10%,20%,$\cdots$,100%。同样的，内存利用率也分成 10 档，即 $\{m_1, m_2, \cdots, m_{10}\}$，能效比也分成 10 档，即 $\{r_1, r_2, \cdots, r_{10}\}$，节点上运行的任务类型为计算型和内存型。

　　● A 是一组有限的数据中心动作集，即可以对数据中心采取的虚拟机调度或迁移，主要有三种行为，即 {把该节点置于休眠状态，增加该节点上的虚拟机数量，减少该节点上的虚拟机数量} 集合。如果所有的服务器节点利用率都高于峰值能效比的利用率，那么表明整个数据中心的开机服务器过少，就需要开启新的服务器节点以增加数据中心整体能效比。图 4-3 显示了数据中心动作及相应的节点的运行状态变化图，总共可分为三种状态：活跃代表服务器正在运行数据中心任务；当数据中心没有任务时服务器处于空载状态；休眠状态是根据系统任务执行历史预测出服务器在未来较长一段时间内没有任务的到来。

　　● $P_a(s, s') = P_r(s_{t+1} = s' | s_t = s, a_t = a)$ 表示在时间 t 数据中心在功耗状态 s 采取动作 a 可以在时间 $t+1$ 转换到功耗状态 s' 的概率。

- $R_a(s,s')$ 表示通过动作 a 数据中心功耗状态从 s 转换到 s' 所带来的即时收益。

- $\gamma \in [0,1]$ 是折扣因子，表示未来收益和当前收益之间的差别，即各个时间的收益所占的比重不同。

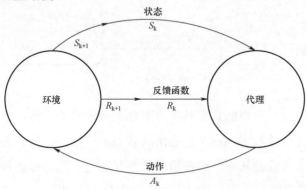

图 4－2　数据中心五元组示意图

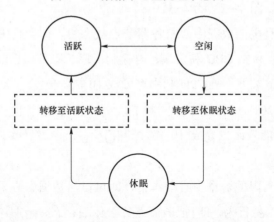

图 4－3　数据中心动作及相应状态转换

设不同状态下数据中心应该采取的行为为 $Q(s,a)$，其代表在状态 s 时采取行为 a 会给数据中心系统带来的收益值，对所有时刻 i，其公式变换为

$$Q(s_i,a_i) = Q(s_i,a_i) + \alpha[r_{i+1} + \gamma \max_{a \in A(s)} Q(s_{i+1},a) - Q(s_i,a_i)] \quad （4-1）$$

式中：$Q(s_i,a_i)$ 代表在时刻 i 的 Q 值大小；当数据中心执行行为 a_i 时，系统的状态由 s_i 转化到 s_{i+1}；α 是学习率；r_{i+1} 是在 s_{i+1} 状态的反馈值。

本方法根据数据中心系统反馈的 r 值和选择的行为对的值来不断更新 $Q(s_i,a_i)$ 的值，通过不断更新 Q 值，不断提高系统的反馈值，也即数据中心整体能效比值。

状态选择使用的是贪心算法，仅在服务器节点的能效比低于设定阈值时才进行状态选择，有 $1-\varepsilon$ 的概率会选择到 Q 值最大的状态行为对，有 ε 的概率随机选择一个行为，其中 ε 的值可以动态调节，以避免整个优化系统一直被困在某个局部最优解。

由于数据中心中服务器系统、网络系统以及用户请求的异构与高度复杂性，将数据中心系统的总体能效比的大小作为强化学习的反馈值，定义为

$$R(i) = C_i / E_i \qquad (4-2)$$

式中：C_i 被定义为数据中心当前时刻的成功执行的任务数；E_i 代表当前时刻系统的总体功耗，通过服务器主板板载传感器和操作系统内核调用，可以实时获取这些数据，因此单个服务器节点及整个数据中心的强化学习反馈值 R 是可以实时计算获得的。

根据前述模型，本节提出了一种基于强化学习的数据中心虚拟机调度方法，命名为 RLDC 方法。

图 4-4 给出了整个 RLDC 调度方法的系统架构图，主要包括代理、VM 分配器、虚拟机管理器（VMM）和虚拟机 VM。在系统开始运行时，代理首先收集各个虚拟机的状态，然后通过代理上的 RLDC 模型计算得到一个分配策略，

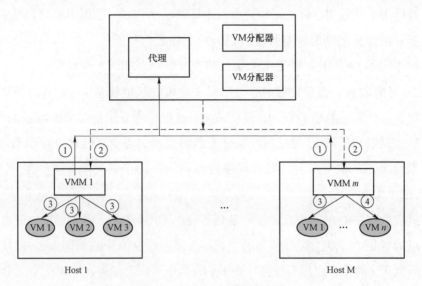

图 4-4　RLDC 方法架构图

再把这个策略传递到每个 VMM 上，最后由 VMM 调度其控制的虚拟机。①代表虚拟机信息的流动方向，②和③代表控制信息的流动。

RLDC 可以动态调整多个活跃节点上的工作负载以优化数据中心的功耗和整体能效比。RLDC 根据强化学习结果决定是否需要把当前服务器节点置于休眠状态，并把其上的虚拟机迁移到其他节点上。为了做出合理的决策，学习代理是 RLDC 的重要组成部分。

RLDC 方法的详细流程如下：

1）初始化。确定强化学习模型参数，即初始化五元组 $[S, A, P(\cdots), R(\cdots), \gamma]$ 的数据值及其数据域：

数据中心状态集 S，即数据中心负载分布映射关系及节点任务执行状态，包括硬件资源利用率百分比与服务器功耗。

数据中心动作集 A，包括对数据中心虚拟机的调度策略和迁移，即源虚拟机列表、目的物理服务器、虚拟机迁移百分比。

状态转移概率 P，即数据中心在不同的功耗状态下的转移概率，记 $P = P_a(s, s') = P_r(s_{t+1} = s' | s_t = s, a_t = a)$，根据数据中心历史负载特征数据和功耗数据，计算在时间 t 数据中心在功耗状态 s 采取动作 a 可以在时间 $t+1$ 转换到功耗状态 s' 的概率。

数据中心收益 R，记 $R = R_a(s, s')$，计算通过动作 a 将数据中心功耗状态从 s 转换到 s' 所带来的即时收益数值，记为功耗降低百分比。

折扣因子 $\gamma \in [0, 1]$，设定未来收益和当前收益之间的差别权重。

2）计算收益。确定数据中心马尔科夫决策的一组状态 - 行为对，并初始化每个状态 - 行为对的值 $Q(s, a)$，即状态 s 下执行行为 a 所能带来的收益的大小。

3）负载特征预测。通过贝叶斯分类器对数据中心负载特征进行识别，对服务器节点上下一次任务到达时间间隔进行预测，确定其间隔分类结果为"长""短"或"未知"。

提取数据中心上的负载特征，包括节点的 CPU 频率、内容容量、硬盘总容量与可用容量、节点上运行任务的个数等，然后设立一个时间间隔 t，把任务到达间隔低于 t 的当作"短"任务，高于 t 的当作"长"任务，构建一个二分类机器学习问题，选用贝叶斯分类来预测任务的下一个到达时间间隔。

4）选择行为。在本步骤中，需要选择一个行为使得最终目标值的最大化，转换成一个优化问题，这是一个 NP 难题，所以使用贪心算法选取当前状态 s 对应的最大的 $Q(s,a)$ 值的行为 a。根据系统选择的状态执行不同的操作，如果是迁移虚拟机，那么需要从把当前虚拟机迁移到别的节点或者从别的节点迁移虚拟机到本节点上。

5）收集反馈信息。学习代理收集数据中心系统的反馈信息，包括数据中心的功耗、任务分布及能效比；强化学习是一个与周围环境交互的算法，所以在步骤 4）执行完毕之后要搜集之后的系统状态，计算一段时间内系统的整体能效比，之后根据这个反馈值更新系统的参数。

6）更新状态和收益。基于强化学习结果进行数据中心虚拟机调度，更新数据中心到新状态 s'，并更新状态行为对的值 $Q(s',a)$，即状态 s' 下执行行为 a 所能带来的收益的大小。

7）判断是否终止。判断系统是否达到设定的准确度要求或者迭代次数是否超过了限制，如果满足了其中一个终止条件，那么终止程序，输出结果。否则继续循环步骤 1）至步骤 6）。

上述步骤的算法伪码如算法 1，该算法得到的待迁移虚拟机列表即是 RLDC 的代理学习到的需要迁移至目标节点上的任务负载。

算法 1：基于强化学习的虚拟机调度算法

对每个 s、a 初始化其 $Q(s, a)$ 的值

观察当前状态 s

Repeat

　　　根据当前策略选择行为 a

If a = sleep

把虚拟机置为 sleep 模式

　　Else if a = 能效比不满足要求

迁移对应数目的虚拟机

Else if a = 增加节点数量

把新的服务器开机并添加到当前系统中

　　　更新系统的反馈值 r

　　　观察系统的新状态 s'

　　　更新 $Q(s, a)$ 为： $Q(s_i,a_i) = Q(s_i,a_i) + \alpha[r_{i+1} + \gamma \max_{a \in A(s)} Q(s_{i+1},a) - Q(s_i,a_i)]$

　　　更新当前状态 s

Until　性能达到要求或到达迭代次数

算法 1 首先给所有的状态行为对进行初始化，当数据中心能效比不满足阈值要求时，系统从策略中选出对应的行为。被选中行为如果是将节点置于休眠状态，那么就需要将其上面的虚拟机置于 movedVM（待转迁移虚拟机列表）上。由于当前主流服务器能效比曲线的凸函数特点，如果当前节点上虚拟机负载过大，那么也需要将其上的部分虚拟机置于 movedVM 上，并确定接收这些虚拟机的目标节点。如果服务器节点因虚拟机负载过低而导致系统能效比较低，那么这些节点即是虚拟机迁移的目标节点。如果数据中心负载过高，那么 RLDC 会激活处于休眠状态的节点或添加新的节点。在调度和迁移行为执行结束之后，RLDC 会自动收集这些行为带来的反馈影响值，进而更新 $Q(s_i, a_i)$ 值，以得到更优的反馈结果，逐步迭代达到降低数据中心功耗即提高能效比的目的。

4.2　智能算力资源管理技术

4.2.1　基本概念

GPU 属于高功耗的硬件处理器，支撑深度学习计算的 GPU 集群将会给数据中心带来很高的能耗开销和运营成本。由 DeepMind 公司开发的 AlphaGo 是第一个击败人类职业围棋选手、第一个战胜围棋世界冠军的人工智能机器人，其主要工作原理就是深度学习，用到了 1920 块 CPU 和 280 块 GPU 来进行海量计算，AlphaGo 每一场比赛的电费成本就高达 3000 美元。Strubell 等人研究指出，对于英语到德语的机器翻译，评价指标"双语互译质量评估辅助工具"（bilingual evaluation understudy，BLEU）得分增加 0.1，需要的训练开销是 8 个 Tesla P100 GPU 运行 287h，这个过程产生的二氧化碳约为 300kg。

深度学习的发展推动了关于深度学习基准测试（benchmark）的研究，旨在评估或者指导深度学习训练和推理的优化。现有的基准测试套件能够非常全面评估深度学习的性能，能够在指定的准确率上评估训练和推理的端到端性能。这些基准测试套件通常提供一组常见的深度学习工作负载，在不同的优化策略、模型结构、软件框架、云，以及硬件上量化训练时间、训练成本、推理延迟和推理成本。

　　智能算力服务调度的目标通常要求在满足延迟的同时最小化资源消耗。对于机器学习服务来说，延迟是指用户发出请求到输出结果所花费的时间。为了满足延迟目标，并行化计算是常用的方法，有助于提高计算效率。并行计算对卷积神经网络推理帮助很大，因为模型中的大多数底层运算都是可以有效并行化的矢量－矩阵乘法或矩阵－矩阵乘法。单个推理请求无法完全利用 GPU 资源，而批处理策略是将多个请求的数据合并为一个更大的数据，这样可以提高硬件利用率和推理能效。但是批处理策略是以增加 GPU 执行时间为代价，只有在整个批次完成后才会返回推理结果，这可能会违反延迟目标。

　　批处理技术是一种通用的降低在线预测服务系统延迟的技术手段，可采用加增减乘（additive increase multiplicative decrease，AIMD）策略来寻找最佳的批量大小。尽管 AIMD 策略可以动态调整批量大小并将其保持在适当范围内，但是在突发的工作负载下会导致一些请求超出延迟目标。

4.2.2　基于任务分类与懒同步的智能算力能耗优化

　　目前普遍将机器学习技术应用到大数据分析处理的过程中，通过线性回归、深度神经网络等方法构建系统模型并迭代训练，挖掘大数据背后潜在的数据规律和应用价值。

　　由于数据规模过大，将数据集中到单一计算节点进行机器学习效率欠佳，甚至不可行。首先，单一节点的存储、计算和通信能力已无法满足处理如此海量数据的要求，也无法将复杂的数据模型应用到实际的数据处理中。其次，由于数据产生时的地理分布性，将大量的原始数据通过广域网进行远距离传输极为耗时。同时，基于用户隐私要求或部分国家地区的数据主权法的约束，未加工抽象的原始数据，比如视频监控数据、音乐影视等，只能存储于当地的数据中心中，无法跨境传输。因此，目前主要应用分布式机器学习系统对大数据进行挖掘处理和分析，不同于传统的集中式的数据处理分析。大规模分布式机器学习系统通常配置高算力芯片、大容量存储等硬件以加速模型训练和提高数据处理的吞吐量。如果单纯通过增加分布式系统的规模来提高性能，将造成系统能耗的急剧增加，同时系统可靠性和服务质量（QoS）也随着系统能耗增加而急剧下降。因此，能耗问题成为制约分布式机器学习系统规模扩展的主要阻力。

　　分布式机器学习系统利用海量实时数据持续训练所构建的模型。由于时间、地理位置等因素会造成机器学习负载的波动，如节假日、热点事件等甚至会造成负载量的剧烈变化，如果为了保证数据分析服务的 QoS 而始终按照峰值时刻的需求来进行硬件资源配置和调度，那么低负载时段大部分处于待机空转的工作节点，将造成电力资源的大量浪费。另外，在机器学习模型迭代训练过程中，通过处理新的样本数据，模型将不断优化，可以做出更为合理的判断决策。由于全局模型规模庞大，参数通常以分片的形式存储于多个参数服务器中。负责运算的工作节点在每次迭代中从各个参数服务器中读取参数，并向参数服务器返回运算得到的参数更新。为了保证机器学习的正确性，参数服务器在同步了所有的参数后，工作节点才被允许进行下一次的迭代工作。这样的同步机制保证了工作节点每次运算读取的是最新的数据，有效提升了机器学习模型收敛的准确性。但是在异构广域网环境下，尤其是地理距离较远节点之间的链路进行通信连接时，有限的带宽会使大量的参数更新拥塞，造成每次迭代耗时过长，整体性能显著下降。同时，较高的延时会造成依赖于参数更新的工作机空转，造成服务器电力浪费和能耗的增加。

　　本书提出一种通过构造分类器对典型分布式机器学习系统的任务负载进行分类识别和未来负载状态预测的方法，并通过减少分布式参数服务器间的通信来加速机器学习任务的运行，以降低整个分布式机器学习系统的能耗。整体架构如图 4-5 所示。系统由服务接口、资源协调器、数据中心工作机和参数服务器等组成。

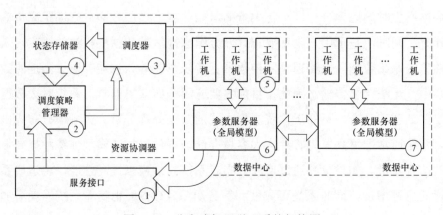

图 4-5　分布式机器学习系统架构图

服务接口用于接受新的机器学习任务，初始化系统配置参数，并把机器学习任务发送给资源协调器，由资源协调器分配工作机资源。服务接口在机器学习任务完成之后通知用户。

资源协调器包括调度策略管理器、调度器和状态存储器。调度策略管理器从状态存储器内读取数据中心内各个工作机的负载状态，并且根据不同时刻的负载曲线，使用局部加权线性回归算法预测未来一段时间的工作节点负载，根据同一时刻不同工作节点负载状况预测机器学习任务的负载类型（计算密集型、I/O 密集型、GPU 加速型、混合型）。当新的机器学习任务到达时，调度策略管理器判断任务类型，并生成调度安排后发给调度器执行。每隔固定时间间隔调度策略管理器会预测未来一段时间的负载情况，并把预测之后所需做出的对应调度发送给调度器。

调度器用于进行各个数据中心内资源的调度。通过与数据中心内调度策略管理器通信，控制工作机负载的动态调整、参数服务器通信决策变更等，实现优化策略的下达。同时，调度器负责接收数据中心中状态收集器收集的内核监控数据，同调度动作一同发往状态存储器。

状态存储器用于调度器动作与数据中心状态的存储。根据预先设定的窗口大小，以一定频率将状态发送给调度策略管理器，为后续调度策略的学习提供原始数据集。

工作机即用于机器学习任务运行的计算节点。通过读取参数服务器中的参数，通过预设的机器学习算法进行运算操作，产生新的参数值，并返回参数服务器。参数服务器用以保存机器学习任务的全局模型参数，并负责与广域网上其他数据中心内的远程参数服务器同步。

各组件间的交互流程如下：

（1）调度器通过数据中心的状态收集器，收集不同工作机的功耗信息及其 CPU、GPU、内存和磁盘的实时信息，然后将该信息发送给状态存储器。

（2）状态存储器利用接收到的处理器、内存、磁盘的实时信息，计算工作机负载状况（CPU 使用率、GPU 使用率、内存占用率、磁盘 I/O 占用率、工作机功耗等）。

（3）调度策略管理器读取状态存储器上的负载信息。其中同一时刻不同工作机负载状况用于预测机器学习任务的负载类型（计算密集型、I/O 密集型、GPU 加速型、混合型），不同时刻的负载曲线用于预测未来一段时间的工作机负载。具体预测算法见 4.2.3 节。

（4）当一个新的机器学习任务到达时，使用步骤（3）中的贝叶斯分类算法生成的模型来预测该任务所属的类别。根据任务类别，将其分配给匹配的高能效比工作机上，以降低该工作机的能耗。

（5）根据"懒同步"算法更新参数。工作机分别读取本地参数存储器中的参数，执行机器学习算法对数据集进行处理。每次迭代结束后，工作机将参数更新发送至本地参数存储器中。本地参数存储器将参数更新发送给过滤器进行检验，如果显著性低于设定的显著性阈值（由服务接口初始化设定），那么不进行消息生成，直到高于阈值。具体算法见 4.2.4 节。

（6）根据步骤（3）中预测的未来一段时间的负载，与当前时刻负载进行比较。若未来负载大幅下降，则将部分负载较低的工作机上的任务迁移并合并到一定的工作机子集，并关闭其余部分工作机，达到节省能耗的目的；若负载变化不大，则降低运行负载的工作机的处理器频率和电压；若负载大幅增加，则启动额外的工作机。

（7）重复执行步骤（1）到步骤（6），直到所有的机器学习任务运行完毕。

4.2.3　典型分布式机器学习负载的分类与预测方法

通过局部加权线性回归算法，对采集到的工作机历史负载数据（包括 CPU 使用率、GPU 使用率、内存利用率和磁盘 I/O 占用率）进行分析，预测未来一段时间的机器学习负载情况。如果未来一段时间负载较低，那么将当前任务的部分工作机处理器降频运行，直至关闭部分工作机，以达到降低能耗的目的。

设 p 分钟为一个时间段，p 分钟内的负载取平均值代表该时间段的负载水平。设某一时间段为 T_1，下一时间段为 T_2，依此类推。用当前时间段及前 $n-1$ 个时间段的负载作为特征，预测下一个时间段的负载。不同时间段对应的权重不同，当前时间段的权重最大，且权重向前依次递减，权重值可以通过自定义设定并动态调整配置。预测完本次后，时间窗口向后滑动，继续预测下一时刻。该算法的示意图参见图 4-6。

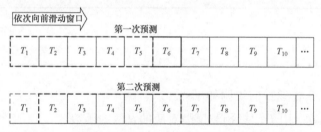

图 4-6 数据中心机器学习任务负载预测算法示意图

计算预测误差的求平方误差表达式为

$$f(\theta) = \sum_{i=1}^{n} weight(y_i - x_i^{\mathrm{T}}\theta)^2 \qquad (4-3)$$

其中 θ 表示回归系数，x_i 表示第 i 个时间段之前 n 个样本点历史真实负载的向量，y_i 表示第 i 个时间段样本点的负载数据向量，$weight$ 是权重矩阵，$weight_{(i,i)}$ 表示第 i 个时间段对应的权重。权重使用高斯核，权重对应计算方法为

$$weight_{(i,i)} = \exp\left(\frac{|x_i - x|^2}{-2k^2}\right) \qquad (4-4)$$

在上述权重计算方法中，如果第 i 个样本点 x_i 距离基准测试点 x 的距离越小，$weight_{(i,i)}$ 就会越大。其中预设参数 k 决定了权重的大小，k 越大权重的差距就越小，k 越小权重的差距就很大，因此仅有局部的点参与了距离较近的回归系数 θ 的求取，其他距离较远的权重都趋近于零。如果 k 趋近于无穷大，所有的权重都趋近于 1，$weight$ 也就近似等于单位矩阵，局部加权线性回归变成标准的无偏差线性回归，会造成欠拟合的现象；当 k 很小的时候，距离较远的样本点无法参与回归参数的求取，会造成过拟合的现象。

局部加权线性回归法参数计算过程如算法 2 所示。

算法 2：局部加权线性回归法参数计算

定义 $lwlr(X, Y, k = 0.1)$：
1：**for** $i = (current - n+1)$ to $current$ **do**
2： $diff = n^2$
3： $weight_{(i,i)} = \exp(diff / -2k^2)$
4： $xTwx = X^{\mathrm{T}} * weight * X$
5：**end for**
6：**if** $xTwx = 0$ **then**
7： //该矩阵为奇异矩阵，没有逆矩阵
8： **return** 0
9：**end if**

//利用正规方程计算 θ
10: $\theta = xTwx^{-1} * X^{\mathrm{T}} * weight * Y$
11: **return** θ

其中算法 2 各参数的说明如下：

lwlr( ) 函数：用于计算预测模型对应的 θ 值的函数。

k：自定义参数，用于调整权重大小。

X：基准测试点前 *n* 个点的负载组成的矩阵。

Y：基准测试点的负载矩阵。

current：时间轴上当前对应时刻。

n：用于预测的滑动窗口长度。

weight：权重矩阵。

$weight_{(i,i)}$：第 *i* 个时间段对应的权重。

xTwx：代指向量 *X* 的转置乘 ***weight***，再乘向量 *X*。

基于上述算法 2 中的用于计算预测模型对应的 θ 值的函数及历史真实负载值，对机器学习任务负载预测算法如算法 3 所示。

算法 3：基于局部加权线性回归法的机器学习任务负载预测

定义 *predict*(*feature*,*label*,*k*)：
1: **for** $i = 0$ *to num _ sample*
　//计算参数 θ
2:　$\theta = lwlr(feature_i, label_i, k)$
　//利用参数 θ 和现有特征预测下一时刻负载
3:　$predit[i] = feature_i * \theta$
4: **end for**
5: **return** *predit*

其中算法 3 各参数的说明如下：

predict( ) 函数：用于预测下一时刻负载值的函数。

num _ sample：时间样本序列的数量。

$feature_i$：第 *i* 个时间段之前 *n* 个样本点历史真实负载值。

$label_i$：第 *i* 行的所有特征，即当前时刻的特征。

predit[*i*]：预测出 *i* 时刻对应的负载值。

同时，通过朴素贝叶斯算法对负载类型进行分类，根据负载类型将任务分配到对应的工作机上。具体流程分为三个阶段：

（1）准备工作阶段。该阶段首先确定负载特征属性，使用 CPU 使用率（U_{CPU}）、GPU 使用率（U_{GPU}）、内存占用率（U_{mem}）、磁盘占用率（U_{disk}）作为本算法的特征属性，分别记为 f_1、f_2、f_3、f_4。为便于系统离散化，在本方法中，将使占用率分解成 [0，0.3]、（0.3，0.6]、（0.6，1] 三个区间，分别对应 degree1、degree2、degree3。

机器学习任务被分为四个类别：计算密集型、I/O 密集型、GPU 加速型、混合型，分别记为 C_1、C_2、C_3、C_4。为提高预测准确率，在本阶段需要对一些已经学习完成的任务进行监督分类和标记，形成训练样本集合。

（2）分类器训练阶段。该阶段的主要任务是生成分类器，通过程序统计各个负载类别出现的频率及每个特征属性划分到每个类别的条件概率估计值，该工作由程序自动计算完成。

（3）应用阶段。这个阶段的任务是使用分类器对任务进行分类，其输入是分类器和待处理的机器学习任务，输出的是机器学习任务与类别的映射关系。使用分类器对机器学习任务进行分类时需要输入该任务的 U_{CPU}、U_{GPU}、U_{mem}、U_{disk} 等信息，本方法对机器学习任务进行分类，以针对不同类别任务分配合适的工作机。本方法是先划分出小批量数据进行训练，对该训练过程提取特征属性作为分类的依据，等待分类完成后按照任务分类结果将其调度到对应的工作机上。

基于朴素贝叶斯算法的训练过程如算法 4 所示。

算法 4：基于朴素贝叶斯算法预测机器学习任务负载类型的训练方法

定义 *train(c,task)*：
　　//统计每个类别任务的数量，以及该类别在总体中所占比例
　1：**for** $i = 1$ *to num _ classes* **do**
　2：　$Num_{ci} \leftarrow count \_ class(ci, task)$
　3：　$p(c_i) \leftarrow Num_{ci} / num \_ task$
　4：**end for**
　　　//分别计算 *feature* 为 *j*, *degree* 为 *k* 的任务在总体中所占比例
　5：**for** $i = 1$ *to num _ class* **do**
　6：　**for** $j = 1$ *to num _ feature* **do**
　7：　　**for** $k = 1$ *to feature _ degree* **do**
　8：　　　$p(f_j = k \mid c = i) \leftarrow count \_ num(task, feature = j, degree = k) / num \_ task$
　9：　　**end for**
10：　**end for**
11：**end for**
12：**return** $p(f \mid c), p(c)$

其中算法 4 各参数的说明如下：

train( ) 函数：用于统计各类别占总样本数比例，以及每个特征属性划分对每个类别的概率。

num_classes：类别的总数量。

num_task：训练任务样本数量。

Num_{ci}：c_i 类别所占样本的数量。

$p(c_i)$：c_i 类任务所占比例。

feature_degree：对应特征属性的三个区间。

$p(f_j = k | c = i)$：任务类别为 i 的情况下，特征为 k 的概率。

任务负载类型识别的算法如算法 5 所示。

算法 5：基于朴素贝叶斯算法的机器学习任务负载类型识别方法

定义 $predit(p(f|c), p(c), f_1', f_2', f_3', f_4')$：
1：初始化 max_p
2：**for** $i = 1$ *to* num_*class* **do**
　　// 利用贝叶斯公式预测最大概率的类别
3：　$p_i \leftarrow p(f_1 = f_1'|c_i) * p(f_2 = f_2'|c_i) * p(f_3 = f_3'|c_i) * p(f_4 = f_4'|c_i) * p(c_i)$
4：　**if** $p_i >$ max_p **then**
5：　　$result \leftarrow i$
6：　**end if**
7：**end for**
8：**return** *result*

其中算法 5 的各个参数说明如下：

predit( ) 函数：用于在已知 U_{CPU}、U_{GPU}、U_{mem}、U_{disk} 情况下，判断任务类别的函数。

max_p：概率最大的情况。

result：对应概率最大的任务类别。

f_i'：机器学习任务第 i 个特征属性的取值。

4.2.4　分布式机器学习节点间参数"懒同步"机制

相较于单节点的机器学习系统，大规模分布式机器学习系统往往具有大量分布式节点，有些节点甚至分布在不同地点的数据中心，因此系统进行模型训练和数据处理时将跨越多个数据中心进行通信。在跨数据中心之间的广域网进行通信时，传统的机器学习模型同步机制极为耗时，不仅增大了整个系统时延，也造成了系统资源的浪费与能耗的增加。在常规的机器学习模型中，模型参数往往在模型训练的初始阶段的迭代中变化较大（相对于最初的初始设置的模型参数）。在经过一定次数的迭代后，每次迭代后的参数的改变比率越来越小。如果将后期微小的参数更新累积到足够显著的程度后再进行参数同步通信，那么可以大量减少整个机器学习系统的通信次数和通信数据。因此，在链路状态不佳时，通过减少模型参数的同步频率的"懒同步"机制，可以达到降低参数通信开销、加速系统训练效率、降低系统能耗的目的。

为了有效保证机器学习模型收敛的正确性，避免过多减少同步次数而造成不同数据中心中的全局机器学习模型间差距过大问题，分布式机器学习节点间参数"懒同步"机制中加入了参数同步的约束。根据预测的通信链路负载情况和参数发送队列的数据量，由参数服务器判断是否需要通知数据接收方在索引显著更新到来前，涉及相关参数的工作机暂停读取这些参数。同时，参数服务器发出的消息中，还包含代表参数迭代次数的时钟信号。如果某个参数服务器接收到的时钟信号与自身时钟的差异大于设定阈值，那么根据调度器策略的不同，其他节点可以等待较慢的参数服务器，或者直接通知机器学习引擎为最慢的参数服务器分配更多的工作机，减少下一个迭代执行的时间，直到时钟差异满足系统设定的阈值，否则将该节点从该机器学习训练系统中删除。由于只传递显著更新，参数"懒同步"机制减少了数据中心间的通信量。

图 4-7 是分布式机器学习节点间参数"懒同步"机制的体系结构。A 是数据中心内的工作机，用于机器学习任务运行的计算节点，同图 4-7 中的工作机；B 是参数存储器，为参数服务器的一个功能组件，用于存储各个参数服务器中的机器学习模型的参数值。C 是过滤器，用于对机器学习模型参数更新的显著性进行筛选，决定是否发送参数更新。当某个参数的更新累积到一定程度，超过设定的显著性阈值时，才进行参数发送并进行下一步任务的执行。D 是消息发送队列，用于接收过滤器产生的参数更新，并依次发送。为了保持机器学习模型的收敛以及收敛的正确性，消息发送队列中自动生成代表迭代次数的时钟信息、代表待发送参数的索引信息，并先于参数信息向网络广播出去。E 是同步约束器，用于接收其他数据中心中参数服务器的广播消息，根据消息类型以

不同的约束方式限制参数存储器读取参数更新，保证不同数据中心间的模型差异不会超过设定值。F 是状态收集器，用于收集数据中心内的各项系统性能指标数据（如工作机的 CPU 使用率、GPU 使用率、内存占用率、磁盘 I/O 占用率、工作机功耗，以及参数服务器的通信开销、通信延迟、数据中心整体功耗，以及正在运行的任务负载信息等），将其发送至图 4-7 中的调度器。G 是调度控制器，用于实现调度器的调度方案。通过任务分配、工作机负载调整等操作，实现大规模分布式机器学习的功耗降低。

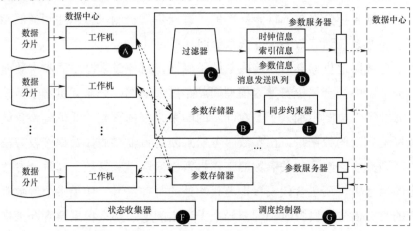

图 4-7　分布式机器学习节点间参数"懒同步"机制的体系结构

分布式机器学习节点间参数"懒同步"更新算法如算法 6 所示。

算法 6：分布式机器学习节点间参数"懒同步"更新算法

1：**while** $i \ne threshold\_i$ **do**
2：　　工作机进行第 i 次迭代,产生参数 m 的值 $value_{m,i}$
　　　　//计算参数 m 的显著性
3：　　$update_m \leftarrow value_{m,i} - value_{m,i-1}$
4：　　$acc\_update_m \leftarrow acc\_update_m + update_m$
5：　　$sig_m \leftarrow acc\_update_m / value_{m,base}$
　　　　//显著性大于阈值，进行消息发送，否则继续累积更新
6：　　**if** $sig_m \ge threshold\_sig_m$ **then**
7：　　　　$value_{m,send} \leftarrow acc\_update_m + value_{m,base}$
8：　　　　$value_{m,base} \leftarrow value_{m,send}$
　　　　　//累积更新清零
9：　　　　$acc\_update_m \leftarrow 0$
10：　　　　$i \leftarrow i+1$
11：　　**end if**
12：**end while**

其中算法 6 中各参数的说明如下：

m：参数 m。

i：第 i 次迭代。

$threshold\_i$：迭代次数阈值，代表设定的最高迭代次数。

$threshold\_sig_m$：显著性阈值，用于判断参数更新是否显著。

$value_{m,i}$：参数 m 在工作机第 i 次迭代的值（i 为 $base$ 时，代表上次发送的值；i 为 $send$ 时，为本次发送的值）。

$update_m$：参数 m 每次迭代的更新（每次迭代参数值的差）。

acc_update_m：参数 m 在发送之前的累积更新。

sig_m：参数 m 更新的显著性。

过滤器生成的信息分为三种：① 时钟信号信息，包含代表数据中心迭代次数的时钟信号；② 索引信息，包含待发送参数数据的列表；③ 参数信息，为更新后的参数数据。时钟信号信息、索引信息和参数信息依次进入发送队列等待广播。这样可以保证接收方的顺序也依次是时钟信号信息、索引信息和参数信息。

远程数据中心在接收到信息后，立即送往同步约束器中进行判断。接收到广播时钟信号后，计算与本地数据中心时钟的差异值，如果大于时钟差异阈值（由服务接口初始化设定），那么等待较慢的参数服务器。如果时钟差异值没有超出时钟差异阈值，那么允许接收对应数据中心传来的索引信息或者参数信息。

参数服务器根据调度控制器中预测的链路负载情况和参数发送队列的数据量，判断是否需要在索引信息中通知数据接收方：索引上的显著更新数据到来前，涉及相关参数的工作机暂停读取这些参数。如果索引信息表明与对方网络连接质量不佳，或者参数量较大，那么此时同步约束器需要向参数存储器发送一个约束通知，保证索引中列举参数暂时不被读取。直到参数数据到达，依赖于这些参数的工作机才可以再次运转。这一步骤保障了机器学习过程不会因减少通信次数而导致可能的无法收敛。具体算法如算法 7 所示。

算法 7：“懒同步”收敛保证算法

1：**while** $!isMissonComplished$ **do**
　　 // 判断时钟差异是否超过阈值
2：　**if** $clock_{base} - clock_n \geq threshold\_clockDiff$ **then**

//判断时钟差异是否超过底线

3:　　**if** $clock_{base} - clock_n \geqslant deadline\_clockDiff$ **then**

4:　　　　将数据中心 n 从本次机器学习任务中移除

5:　　**else**

6:　　　　数据中心 n 中分配更多工作机用于本次机器学习任务

7:　**else**

　　　　//判断网络状况与数据量大小

8:　　**if** $latency\_WAN > threshold\_latency$ **or**

9:　　$capacity\_List\_Param_n > threshold\_capacity$ **then**

　　　　//判断参数 m 是否在参数索引中

10:　　**if** $m \subseteq List\_Param_n$ **then**

11:　　　　**while** $value_{m,send}$ 没有到达 **do**

12:　　　　　　阻止工作机读取 $value_m$

13:　　　　**end while**

14:　　**end if**

15:　**end if**

　　　//读取参数 m

16:　$value_{m,i} \leftarrow value_{m,send}$

17:**end while**

其中算法 7 中的各参数说明如下：

m：参数 m。

n：数据中心 n。

isMissonComplished：机器学习任务是否完成，*true* 为完成，*false* 为未完成。

$List\_Param_n$：数据中心 n（发送方）的索引信息。

$clock_n$：数据中心 n（发送方）的时钟信息。

$clock_{base}$：本地数据中心（接收方）的时钟状态。

$latency\_WAN$：广域网延时。

$capacity\_List\_Param_n$：数据中心 n（发送方）的索引信息中参数的数量。

$threshold\_clockDiff$：时钟差异阈值，代表设定允许的数据中心间迭代次数差异最大值。

$deadline\_clockDiff$：时钟差异底线，代表数据中心间迭代次数差异的底线。如果迭代次数差异超过此底线，那么将较慢数据中心节点从机器学习任务中移除。

$threshold\_latency$：广域网延时阈值。

$threshold\_capacity$：索引信息参数数量阈值。

4.3　本　章　小　结

　　算力是数据中心对外提供的核心能力之一，算力资源的能耗优化对数据中心的整体能效起着至关重要的作用。本章针对通用算力和智能算力这两种数据中心最重要的算力资源，从资源管理的角度，探讨了降低算力资源能耗的技术方法。

　　本章首先总结分析了影响算力资源低碳运行的关键因素、相关研究思路和技术路线，然后提出了面向通用算力和智能算力的能耗优化技术方案，希望能够在保证数据中心稳定运行和服务质量的同时，降低算力资源的能源消耗和碳排放量。

第 **5** 章 数据中心清洁能源利用和电网互动技术

清洁能源利用和电网互动是数据中心低碳运行的重要方面。本章介绍数据中心的清洁能源利用方法，以及与电网互动的策略。首先对数据中心能耗进行建模，然后构建基于激励的数据中心参与需求响应策略，并进行仿真分析，最后探讨数据中心通过电网互动进行清洁能源利用的技术方法和前景。

5.1 数据中心清洁能源利用和参与电网互动背景

5.1.1 数据中心参与新型电力系统需求响应发展潜能

我国正在推进以新能源为主体的新型电力系统建设。新型电力系统将以风能、水能等拥有可再生能力的新兴能源作为主要能源体，在满足人们日益增长的电能需求的同时，推动整个能源产业的低碳结构性变革。考虑到高比例可再生能源发电逐步代替传统火力发电带来的问题，例如电源侧波动性加剧、应对不确定性的调节能力不足等，电力系统的调度、调节能力愈发重要，而需求侧的灵活调节资源就可以很好地加强这一能力，并且具有灵活性的需求侧资源在电网侧与用户侧产生的供需平衡问题、关系电网稳定运行的相关问题等诸多问题上都起到了重要的积极作用。

从国家颁布的《电力需求侧管理办法》中可以看到，我国正大力构建需求侧机动调峰能力。根据《电力系统辅助服务管理办法》规定，国家能源局已经将用户可调节负荷列为电力辅助服务市场的主要项目。因此，进一步开发用户端负荷可调节能力，大力推动需求侧管理工作，不仅保障了我国新型电力系统稳步推进、稳定运行，更是响应了国家碳达峰碳中和战略的决策部署。作为需求侧管理的重要方案之一，需求响应，根据不同时段的价格信号和不同形式的激励机制，使用户做出降低用电需求甚至暂停使用电等改变其常规用电规律的行为，以保障用电高峰时期电网的稳定运行，同时还能增强需求侧在电力市场的影响与作用。需求响应的实施对电网端与用户端都有实际的积极意义。具体而言，用户侧的各个用户可以根据参与需求响应的不同程度得到响应的奖励，减少其自身的用电成本，一定意义上也减少了自身遇到缺电、断电的情况；电网端通过电价、激励等方式促使用户主动参与需求响应，实现了对整体用电负荷的"削峰填谷"，降低了整个电网的运行与维护压力，提高了整个电力系统的经济利益，并且参与需求响应可以提升其在面对用电供需问题上的动态平衡能力。总的来说，推广需求响应策略对新型电力系统的意义重大。

作为发展极其迅猛、可挖掘潜力巨大的电力负荷，数据中心负荷正得到国内外专家学者的广泛关注。数量持续增加、规模不断增大的数据中心带来了高能耗、低能效、高成本等问题，一些数据中心非计算设备能耗占到总能耗的一半之多，对于能源资源造成了极大的浪费，还给生态环境造成了严重的影响。尽管数据中心的能耗成本巨大，但也正是其体量庞大且灵活的电力消耗，使得数据中心成为了需求响应的重要资源。数据中心的负荷可调节能力，以及电力实时响应能力，使得其成为具有优秀响应特性的庞大需求侧资源。作为一种计算密集型资源，一方面关注点在对数据中心存在的能耗、损耗、能效等方面的研究和对其的优化与控制上；另一方面是数据中心参与需求响应的研究与实践，深入探索和利用其他技术降低数据中心能耗和碳排放。

因此，针对数据中心能耗模型的构建、能效水平的评估等用能问题，需要更加详细与全面的研究。研究数据中心参与需求响应的互动策略选择、运行模式优化等问题，可以有效减少数据中心参与需求响应时的总运营成本，进一步对电网用电负荷进行"削峰填谷"，对电网稳定运行产生积极影响。

在面向新型电力系统的背景下，大规模高比例可再生能源的接入，伴随着电源侧的波动性及电力系统调节能力的不确定性。数据中心利用清洁能源参与电网互动能够进一步解决电网侧与用户侧产生的供需平衡问题。这对新型电力系统建设有着重要意义。

（1）数据中心通过消纳清洁能源，参与电网互动，能够提升数据中心群整体的能源效率。数据中心是大型能耗设施，能源消耗量庞大。通过负载调度和参与电力需求响应，数据中心可以根据电网供需情况灵活调整负载，优化能源使用效率。这有助于降低数据中心的能源消耗，减少不必要的能源浪费，从而加快清洁能源消纳并提升整体能源效率。

（2）数据中心作为一种具有巨大潜力的需求侧灵活性资源，对电力系统稳定性改善意义很大。通过对数据中心进行能耗管理及负载调度来参与电力需求响应，可以有效降低负载，缓解电力压力，从而改善电力系统的稳定性，避免电力供应紧张，防止电力故障，并提高整个电网的稳定性。

（3）数据中心有效地利用可再生能源参与电网互动，能够提高能源可持续性，降低对传统能源的依赖。当可再生能源供应充裕时，数据中心可以增加负载以利用这些清洁能源；相反，当可再生能源供应不足时，数据中心可以降低负载，缓解供需压力。通过这种方式，数据中心可以更加智能地参与可再生能源的利用，并促进清洁能源的发展。

（4）数据中心利用清洁能源参与电网互动，可推动能源转型和碳减排。通过参与电力需求响应，数据中心可以成为能源转型的驱动力量。数据中心的能源消耗量较大，通过优化能源使用和减少碳排放，可以实现大规模的碳减排效果，这对于实现全球能源转型和应对气候变化具有重要意义。

综上所述，数据中心作为拥有优秀需求响应特性与可调节潜力的计算密集型资源，其是实施电力需求响应十分重要的一环，数据中心利用清洁能源参与电网互动具有重要的实际意义。

5.1.2   面向清洁能源利用的数据中心参与电网互动政策及标准

近年来，国家有关部门不断推进电力需求侧管理的规范及环境建设，明确了新型基础设施（如数据中心）参与电网互动的更高要求。2014 年 11 月，国家发展改革委员会经济运行调节局发布了《电力需求侧管理城市综合试点项目类型及计算方法（试行）》，说明了电力需求侧管理项目分类、项目节约或转移电力计算原则等。2015 年，有关部门发布了《电力需求侧管理平台建设技术规范（试行）》，说明了电力需求侧管理系统的结构及电力能效检测等规范。2016年 5 月，八部门联合发布《关于推进电能替代的指导意见》（发改能源〔2016〕1054 号），强调要构建层次更高、范围更广的新型电力消费市场。同年 8 月 23日，工信部发布了《工业领域电力需求侧管理专项行动计划（2016—2020 年）》，旨在引导工业企业转变能源消费方式，促进电力需求侧与供给侧良性互动。2017年 9 月 20 日，国家发展改革委等有关部门发布了《关于深入推进供给侧结构性改革做好新形势下电力需求侧管理工作的通知》（发改运行规〔2017〕1690 号），并对现行的《电力需求侧管理办法》进行了修订，强调要结合新形势推进电力体制改革，实施电能替代，促进可再生能源消纳，提高智能用电水平。2019 年7 月 10 日，工信部印发了《工业领域电力需求侧管理工作指南》（工信部运行〔2019〕145 号），推进工业企业优化用电结构、调整用电方式、优化电力资源配置，促进工业转型升级。这些政策及规范的提出要求数据中心以更高的能效水平，如采用更为节能的设备或实施能源管理措施及优化运行策略，减少用电峰值和总用电量。同时，奖励机制和互动环境的不断完善也推动着数据中心更加积极地投身于电力需求管理，并参与有效互动。

总之，电力需求侧管理政策和标准的发布将促使数据中心采取更加可持续和智能的用电策略，有助于电力系统整体的稳定和可持续发展。这也为数据中心提供了更多的机会，使其在面对电力需求管理的挑战时能够更好地适应和创新。

数据中心参与电网互动的相关标准的主要类型：电力需求侧管理的基本概念、需求响应系统结构及系统规范、有关技术原则及电能计算方法等。而数据中心以这些标准为依据，遵守一系列监管和合规性要求以及技术标准，才能更加积极地参与电网调度，响应电网需求变化，扩大市场机会，在降低数据中心运营成本的同时，灵活平衡电力供需关系。相关标准及规范具体如表 5-1所示。

表 5-1　　　　　　　　　　　　　电力需求侧管理相关标准

标准名称	发布单位	发布日期	要求
GB/T 8222—2008《用电设备电能平衡通则》	中华人民共和国国家质量监督检验检疫总局、中国国家标准化管理委员会	2008 年 9 月 18 日	规定了用电设备电能平衡基本要求、测试条件、测试方法、电能流程图、电能利用效率的计算
DL/T 1330—2014《电力需求侧管理项目效果评估导则》	国家能源局	2014 年 3 月 18 日	规定了电力需求侧管理项目效果评估的基本原则、方法和程序
GB/T 31960《电力能效监测系统技术规范》系列标准	中华人民共和国国家质量监督检验检疫总局、中国国家标准化管理委员会	2015—2024 年	规定了电力能效监测系统的通用性技术要求，主要包括电力能效监测系统技术体系、建设原则、系统结构、基本功能等方面
GB/T 32672—2016《电力需求响应系统通用技术规范》	中华人民共和国国家质量监督检验检疫总局、中国国家标准化管理委员会	2016 年 4 月 25 日	规定了需求响应系统架构、系统功能、性能指标、系统接口等
GB/T 32127—2024《电力需求响应监测与评价导则》	中华人民共和国国家质量监督检验检疫总局、中国国家标准化管理委员会	2024 年 5 月 18 日	规定了需求响应效果监测与综合效益评价的一般原则、指标及其计算方法

5.2　数据中心的清洁能源利用

数据中心可以建设风电、光伏、储能、燃气轮机等设施，以便于充分利用风能、太阳能等清洁能源，与配电网一起为数据中心提供电力能源供应。清洁能源并入电网后，数据中心的能量来源不仅来自向电网购入的电能，同时部分能量也由可再生能源发电所提供。但是，清洁能源发电受多种因素影响，具有不稳定性、间歇性、周期性、不确定性等显著的特点，且清洁能源中的风力发电及光伏发电的质量易受气候、天气影响，发电效果不够稳定，需要电网供电，以及储能设备等多种发电方式共同供电，以此为数据中心用户提供安全稳定、有质量有保障的电能供应。

如果能够充分考虑可再生能源发电的特性，按照不同的时间长度（例如，考虑不同时空分布的数据中心雨季旱季交替、季风等季节特性，或者考虑一天 24h 内的天气变化情况）对可再生能源发电消纳模式进行深入研究，将有利于提高可再生能源对数据中心供电的安全性、稳定性、环保性、经济性，也将有利于数据中心通过调整响应任务的时间精度，通过预测、衡量不同时段的任务数量、用户的服务请求类型，合理地调度工作负载，提高数据中心需求响应的参与度。

数据中心清洁能源使用方式如图 5-1 所示。

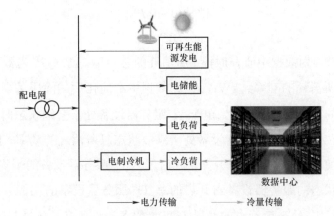

图 5-1　数据中心清洁能源使用方式

风力发电系统以及光伏发电系统为清洁能源微网的主要出力手段，下面分别介绍数据中心能耗模型、风力发电系统和光伏发电系统模型、储能系统和燃气轮机的约束条件。

5.2.1　数据中心的能耗模型

建立数据中心负载能耗模型有两种计算方法，一种是通过求解开机空闲状态下的服务器和满载状态下的服务器功率与负载总功率的线性关系来计算出数据中心服务器的总功率；另一种则是通过 DVFS 技术，利用 CPU 的运行频率和电压与负载功率的关系建立负载功耗模型。若以建模机理的角度为出发点，一种是从硬件控制层面来看，对数据中心服务器设备的固有能耗进行研究以进一步优化负载功耗；另一种是从网络负载类型层面来看，根据可迁移负载的任务类型、数量以进一步优化负载功耗。

基于第一种负载功耗计算模型，将主要利用服务器空闲及峰值两种状态的线性关系来求出单数据中心服务器的功耗，而将通信传输存储设备功耗、空调制冷散热系统，以及电力供应系统等部分的功耗通过 PUE 与服务器的峰值功率间的关系进一步简化为一个整体，即统一计算为其他类型功耗。

数据中心负载总功耗的具体计算表示式为

$$P_t^{\text{DC-consume}} = P_t^{\text{S}} + P_t^{\text{O}} \tag{5-1}$$

$$P_t^{\text{S}} = [P^{\text{I}} + (P^{\text{P}} - P^{\text{I}})u]n \tag{5-2}$$

$$P_t^{\text{O}} = (a-1) P^{\text{P}} n \tag{5-3}$$

$$u = D^{\text{total}} / an \tag{5-4}$$

式中：$P_t^{\text{DC-consume}}$ 为数据中心在时段 t 所消耗的总功率，kW；P_t^{S} 为数据中心的 IT 服务器设备所消耗的功率，kW；P_t^{O} 为数据中心简化后的除服务器外所有其他设备所消耗的功率，kW；P^{I} 为单个 IT 服务器设备处于空闲状态时所消耗的功率，kW；P^{P} 为单个 IT 服务器设备处于满载状态时所消耗的功率，kW；a 为数据中心电源使用效率（即 PUE）；u 为 t 时段内 IT 服务器设备的平均利用率（等于处于满载状态的服务器设备占开启的总 IT 服务器设备的比例）；n 为时段 t 内 IT 服务器设备处于运行中的数量（即 IT 服务器设备开启的数量），个；D^{total} 为数据中心时段 t 内所需要处理的总工作负载数量，个。

1. 数据中心风力发电系统模型

风力发电是通过风力带动风车叶片旋转，不断使风车叶片转速增大来促使发电机发电，即将风力发电机叶片的动能转化为其他形式的能，所以可以通过计算风电功率的大小来计算气流所具有的动能，进一步求出数据中心所消耗的风电电能。

但是，风力发电受外部环境及客观因素影响较大，不确定性强，因季风等气候的变化或是每天的天气变化都会影响风的强度，风电系统的出力水平极易受到影响。因此，在重点考虑风力发电机在一天 24h 内的出力变化，通过计算风力发电机发电的功率，来构建数据中心风力发电系统的功耗模型。

风力发电功率是指在单位时间内流过垂直于风速的截面积 S 的风能，其功率大小与气流在垂直风速方向通过的截面面积、空气密度，以及气流速度的立方成正比。风力发电机功率的求解与确定风速下额定功率、开始做功时的切入风速、处于安全极限时停机风速的切出风速有关。这三种物理量是计算风力发电系统功率必须考虑的影响因素。

风力发电功率具体的计算表示式为

$$P_t^{\text{wind}} = \begin{cases} 0, & v_t < v^{\text{I}} \\ P^{\text{rated}} \left(\dfrac{v_t - v^{\text{I}}}{v^{\text{rated}} - v^{\text{I}}} \right)^3, & v^{\text{I}} \leqslant v_t < v^{\text{rated}} \\ P^{\text{rated}}, & v^{\text{rated}} \leqslant v_t < v^{\text{O}} \\ 0, & v^{\text{O}} \leqslant v_t \end{cases} \tag{5-5}$$

式中：P_t^{wind} 为时段 t 内风力发电机的平均输出功率，kW；P^{rated} 为风力发电机的额定功率，kW；v_t 为 t 时段内的风速，m/s；v^{I} 为功率损失，m/s；v^{rated} 为风力发电机的额定风速，m/s；v^{O} 为风力发电机的切出风速，m/s。

风力发电受风强度影响较大，季风等气候变化以及单日天气变化将影响风强度，从而影响风电出力能力，因此风力发电的不确定因素很大。本节主要研究风力发电机在一天 24h 内的出力变化，通过计算风力发电系统的功率，来得到数据中心所消耗的风力发电功率。

2. 数据中心光伏发电系统模型

光伏发电系统是利用半导体材料的光生伏特效应，通过光照作用于太阳能电池板，把太阳辐射能转化为电能的发电系统。有光照时，光伏发电系统才能产生电动势，达到正常工作的效果。当缺乏光照条件时，光伏发电系统则无法对数据中心进行供电。处于不同气候带分布的数据中心光伏发电出力时间不同，且同地区的数据中心在不同的季节下出力也具有差异性，对数据中心供能的变化，以及工作负载的调整也会随之变化。且单日 24h 内光伏系统仅在白天发电，同时受晴雨天气的影响。因此，在本节中重点考虑光伏系统在一天 24h 内的出力变化，通过计算光伏发电系统的功率，来构建数据中心所消耗的光伏发电系统模型。

光伏发电功率是指在单位时间内利用半导体界面的光生伏特效应所产生的光能，其功率大小主要与太阳辐照强度（即有效日照小时数）、光伏电池阵列的功率、光伏电池温度、组件温度有关。其中，发电效率还受光伏电池板组件方阵组合损失、尘埃遮挡等因素影响。

光伏发电功率具体计算表示式为

$$P_t^{\text{solar}} = \frac{G_t^{\text{LI}}}{G_0} \left(P_{\max} + \theta_t^{\text{temp}} + G_t^{\text{LI}} \frac{\theta^{\text{battery}} - 20}{800} - \theta_0^{\text{temp}} \right) \tag{5-6}$$

式中：P_t^{solar} 为光伏发电的输出功率，kW；G_t^{LI} 为时段 t 内的辐照度，W/m²；G_0 为标准状态下的辐照度，W/m²；P_{max} 为标准状态下的最大输出功率，kW；θ_t^{temp} 为时段 t 的组件温度，℃；θ^{battery} 为光伏发电系统正常工作时的电池温度，℃；θ_0^{temp} 为标准状态下的组件温度，℃。

光伏发电只能在白天时段发电，光伏发电功率与太阳辐照强度和温度有着直接关系，因此其出力水平极易受到影响，季节更替、晴雨天气、昼夜不同时段出力差异性大，处于不同地理分布特点的数据中心对光伏发电系统的出力特性也各有不同。本节主要研究光伏发电系统在一天 24h 内的出力变化，通过改变不同场景下的太阳辐照时间，计算光伏发电系统的功率，来得到数据中心所消耗的光伏发电功率。

3. 数据中心储能系统约束

数据中心的储能系统主要是作为不间断电源（UPS）的电力供应短缺期替换电源、提供应急时期的直流备用电源，以调节数据中心在负荷峰谷期间的用能需求以及进行峰谷套利等。

本节考虑的数据中心储能系统主要约束条件可分为以下几点：① 在一个完整的充放电周期内，储能系统电池的充电量等于其放电量，以达到充放电能量守恒；② 可再生能源微网的储能容量本身存在上限和下限，任意时段内的储能容量都要在其容量上下限内；③ 储能充电功率和放电功率须小于其额定功率。满足以上约束条件后，储能系统充放电才能达到平衡。

储能系统具体约束表示式为

$$\begin{cases} E_{i,t+1} = E_{i,t} + \eta^{\text{charge}} P_{i,t}^{\text{charge}} \Delta t - \eta^{\text{discharge}} P_{i,t}^{\text{discharge}} \Delta t \\ E_{i,\text{min}} \leqslant E_{i,t} \leqslant E_{i,\text{max}} \\ 0 \leqslant P_{i,t}^{\text{charge}} \leqslant \varepsilon_{\text{charge}} P_{\text{chargemax}} \\ 0 \leqslant P_{i,t}^{\text{discharge}} \leqslant \varepsilon_{\text{discharge}} P_{\text{dischargemax}} \\ E_{i,t} = E_{i,T} \end{cases} \quad (5-7)$$

式中：$E_{i,t}$ 为数据中心 i 在时隙 t 时储能系统的电池容量，kW·h；$E_{i,\text{min}}$ 为储能容量下限，kW·h；$E_{i,\text{max}}$ 为储能容量上限，kW·h；η^{charge} 为电池充电效率；$\eta^{\text{discharge}}$ 为电池放电效率；$P_{i,t}^{\text{charge}}$ 为电池充电时刻的功率，kW；$P_{i,t}^{\text{discharge}}$ 为电池放电时刻的功率，kW；Δt 为储能系统充放电的时间段，h；$\varepsilon_{\text{charge}}$ 为储能系统是否处于充

电状态，$\varepsilon_{\text{charge}} \in \{0,1\}$；$\varepsilon_{\text{discharge}}$ 为储能系统是否处于放电状态，$\varepsilon_{\text{discharge}} \in \{0,1\}$。

4. 数据中心燃气轮机约束

为了促进可再生能源微网与数据中心用电系统的协同稳定运行，提高新型电力系统的安全性和高效性，还设置了燃气轮机配合可再生能源微网以及数据中心储能系统进行供能。其中，对燃气轮机的出力能力以及爬坡功率进行了约束，在不弃光不弃风的情况下实现系统容量的稳定性和可调度性。将燃气轮机的出力功率设置为常量，其具体约束条件为

$$\begin{cases} P_{\min}^{\text{gas}} \leqslant P_{i,t}^{\text{gas}} \leqslant P_{\max}^{\text{gas}} \\ P_{\min}^{\text{climbing}} \leqslant P_{i,t}^{\text{gas}} - P_{i,t-1}^{\text{gas}} \leqslant P_{\max}^{\text{climbing}} \end{cases} \quad (5-8)$$

式中：$P_{i,t}^{\text{gas}}$ 为数据中心 i 在时隙 t 所对应的燃气轮机出力功率，kW；$P_{\min}^{\text{gas}}$ 为燃气轮机出力功率最小值，kW；$P_{\max}^{\text{gas}}$ 为燃气轮机出力功率最大值，kW；$P_{\min}^{\text{climbing}}$ 为数据中心 i 在时隙 t 所对应的燃气轮机爬坡功率下限，kW；$P_{\max}^{\text{climbing}}$ 为数据中心 i 在时隙 t 所对应的燃气轮机爬坡功率上限，kW。

5. 数据中心功耗平衡约束

数据中心的供用电功率应满足功耗平衡约束条件：由数据中心负载总功耗的计算表示式可知，数据中心的功耗应该等于 IT 系统设备的功耗乘上电源使用效率 PUE，且数据中心所消耗的功率应该等于向电网购电的功率、可再生能源发电功率（本节假设为风力发电系功率以及光伏发电系统功率之和）、储能系统电池馈电功率以及燃气轮机功率之和。

具体功耗约束条件表示式为

$$\begin{cases} P_{i,t}^{\text{DC-comsume}} = a \left[P^{\text{I}}(n_{i,t}^{\text{tol}} + n_{i,t}^{\text{sen}}) + \dfrac{(w_{i,t}^{\text{tol}} + w_{i,t}^{\text{sen}})(P^{\text{P}} - P^{\text{I}})}{\upsilon_{i,t}} \right] \\ P_{i,t}^{\text{grid}} + P_{i,t}^{\text{wind}} + P_{i,t}^{\text{solar}} + P_{i,t}^{\text{discharge}} - P_{i,t}^{\text{charge}} + P_a^{\text{gas}} = P_{i,t}^{\text{DC-comsume}} \end{cases} \quad (5-9)$$

式中：a 为电源使用效率 PUE；$n_{i,t}^{\text{tol}}$ 为数据中心 i 在时隙 t 用于处理时延容忍型工作负载作业所运行的服务器数量，个；$n_{i,t}^{\text{sen}}$ 为数据中心 i 在时隙 t 用于处理时延敏感型工作负载作业所运行的服务器数量，个；$w_{i,t}^{\text{tol}}$ 为数据中心 i 在时隙 t 处理的时延容忍型工作负载量，个；$w_{i,t}^{\text{sen}}$ 为数据中心 i 在时隙 t 处理的时延敏感型工作负载量，个；$\upsilon_{i,t}$ 为服务器处理工作负载的速率，个/15min；$P_{i,t}^{\text{DC-comsume}}$ 为数

据中心功耗，kW；$P_{i,t}^{grid}$ 为数据中心向电网购电的功率，kW；$P_{i,t}^{wind}$ 为风力发电功率，kW；$P_{i,t}^{solar}$ 为光伏发电功率，kW；$P_{i,t}^{discharge}$ 为储能系统放电功率，kW；$P_{i,t}^{charge}$ 为储能系统充电功率，kW；P_a^{gas} 为燃气轮机工作功率，kW。

5.2.2 数据中心工作负载

由于数据中心的电力需求及其能量来源受工作负载量及工作负载类型影响，数据中心的工作负载调度与其清洁能源利用之间存在密切的关系。主要原因有以下几点：

（1）工作负载决定用电需求：数据中心的工作负载直接影响其电力需求。随着数据中心业务的扩展和计算需求的增加，其对电力的需求也会相应增加。因此，数据中心的工作负载越大，其对清洁或非清洁能源的需求也越大。

（2）高工作负载可能导致更高的碳足迹：如果数据中心主要依赖于传统的、基于化石燃料的能源，那么高工作负荷可能导致更高的碳足迹。数据中心工作负载量会影响环境中的温室气体排放量。

（3）清洁能源利用影响数据中心的可持续性：数据中心工作负载转移的方式会影响清洁能源的选择，改变负载转移方式有助于提高其可持续性，进一步降低数据中心对有限资源的依赖。

（4）数据中心工作负载量影响其运营成本：在一些地区，清洁能源的成本可能相对较高，但随着技术的发展和清洁能源市场的成熟，清洁能源的成本逐渐下降。数据中心可能会考虑工作负载管理成本和清洁能源采用成本之间的平衡，以维持其经济可行性。

（5）数据中心工作负载会影响数据中心的能源整合：数据中心可以通过采用能源效率技术、实施绿色数据中心设计、购买可再生能源证书等方式，积极推动清洁能源的整合。

综合来看，数据中心的工作负载与清洁能源利用之间相互影响，研究数据中心工作负载是提高数据中心可持续性和降低环境影响的关键。研究数据中心的清洁能源利用的关键一步即研究数据中心的工作负载类型及其负载量约束条件。

1. 数据中心工作负载类型

数据中心的数据处理任务即工作负载，是一项由发送到数据中心要求其运行的应用程序或执行数字服务的请求而引起的计算工作。数据中心的服务器工作负载是指用于存储、运行特定应用程序或为多用户提供计算服务的虚拟或物理计算机资源。

通常，根据数据中心的数据处理服务的任务类型不同，可以把大多数工作负载分为两大类：延迟敏感型工作负载（又称交互式类型任务），以及延迟容忍型工作负载（又称批处理类型任务），如图 5-2 所示。除此之外，许多数据中心也会同时处理延迟敏感型工作负载和延迟容忍型工作负载的混合任务。然而，不同类型的数据处理工作负载对于数据中心处理任务的请求率、业务繁忙程度、必须处于开启状态的服务器数量以及数据中心所需的电力能耗等方面有着一定的影响。工作负载类型所占比例、负载数量和业务请求率的变化将导致数据中心电力需求的变化。因此，数据处理工作负载的概念及其特征对于数据中心的需求响应的灵活性潜力研究至关重要。

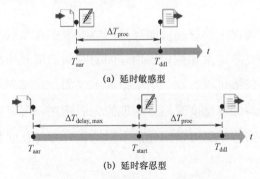

图 5-2　数据中心工作负载类型

（1）延迟敏感型工作负载。延迟敏感型（交互式）工作负载主要包括实时性、短周期、数据存储不可中断的数据处理业务、存储服务等。通常，延迟敏感型任务中含有即时决策和大量个人隐私数据的短周期存储，如实时用户请求和 Web 服务。

延迟敏感型工作负载存在一定的优先级，当实时性任务请求很大时，会难以同时处理，因此，对于延迟敏感型工作负载也设置了优先级。数据中心在进行数据处理时，可根据不同的优先级依次排序，按照任务的紧急程度，以及请求的重要程度将优先级不同的延迟敏感型工作负载分配到不同的服务器上进行执行。

尽管为延迟敏感型工作负载划分了任务优先级，但其数据处理任务的提交时间不可预测，任务一旦到达数据中心则必须马上执行，处理时间一般情况下为秒级。如果此类工作负载没有得到及时、快速的响应，客户端与数据中心之间的网络连接或因数据中心排队速度、处理速度缓慢而造成的任何延迟，都可能对数据中心的用户产生负面影响，严重时可能引起重大的故障，降低用户的满意度。因此，该类型的工作负载基本上不具备调节能力。

（2）延迟容忍型工作负载。延迟容忍型（批处理）工作负载主要包括非实时性、长周期、数据存储可中断的数据处理业务、存储服务等，该类型的工作负载具有一定的延迟容忍度，允许在松弛期内故意延迟而不违反任务处理的最后期限。延迟容忍型任务相对于延迟敏感型任务而言，其交互的数据量更大、计算需求更大，处理周期更长，运行时间可达到数小时甚至数天，例如，非实时的财务分析、图像处理、系统维护和科学研究模拟所需的数据处理等密集型任务。

数据中心一般情况下能够提前知晓延迟容忍型工作负载的截止日期和所需资源等信息，且当任务请求和截止日期之间的时间间隔长于数据处理所需的运行时间时，该类型任务可以存在一个松弛。不仅如此，延迟容忍型任务也可因其对于数据处理时间的容忍度来划分处理的先后顺序，可以在数据中心的内部调整任务处理的时间段，也可以向外部不同地理分布的互联数据中心转移其服务需求。

此外，延迟容忍型工作负载通常只需要在服务请求的截止时间之前完成即可，响应时间的快慢不会对最终用户的需求造成太大的影响。因此，延迟容忍型任务可调节范围较大，在数据中心负载管理方面具有很强的灵活性，在数据中心任务负载内部管理、调度、均衡，以及参与电力需求响应等方面都具备了良好的可调节能力。

2. 数据中心负载作业量约束条件

现有的数据中心负荷约束条件主要可分为以下几个类别：① 通过数据中心服务器数量与负载作业量之间的关系，以及不同服务器类型与不同负载作业量的对应关系，对服务器容量做出约束来对数据中心负载作业量进行约束；② 通过对数据中心内部资源的分配，例如各类型设备功耗的分配来约束负载作业量；

③ 通过数据中心负载的执行状态，即判断服务器是否处于空闲还是被使用等状态来对负载作业量进行约束；④ 通过设定周期，使一个周期内的数据负载作业量等于负载总量，总负载量等于该周期内转移进入的量加上未转移的负载量减去转移出去的负载量来进行约束；⑤ 通过约束延迟而导致数据中心运营商承担的经济赔偿对负载作业量进行约束；⑥ 通过对不同工作负载类型的时间可延迟容忍度的等级分类，从而对不同容忍度下的负载作业量进行约束；⑦ 通过数据中心用户对工作负载不同服务质量等级的要求来对负载作业量的调节和削减进行约束。

本节主要根据数据中心所需处理的工作负载类型、工作负载作业总量与服务器数量之间的关系，以及工作负载的服务时延需求对数据中心可转移的负载设置约束条件。

（1）负载转移约束。对于数据中心所需处理的工作负载类型、负载转移特性、工作负载作业总量与服务器数量之间的关系有具体约束条件：首先，将研究对象设定为一种延迟敏感型工作负载和三种延迟容忍型工作负载，负载的类型按照不同的延迟容忍等级来划分，如表 5-2 所示。第一种延迟敏感型工作负载（work delayed_sensitive_type），该类型对时延敏感，其负载作业无法在时间尺度上进行转移。但是，该类型的工作负载对于通信网络传输的作业服务质量（quality of service，QoS）有弹性，故该类型的负载作业可进行不同数据中心空间尺度的转移。其次，规定第一种延迟容忍型工作负载（work delayed_tolerance_type-1）处于对时间容忍度等级的第一等级，该种类型的负载作业既可以进行时间尺度上的转移，也可以进行空间尺度的转移，但负载量不可被减少或者负载需求不可被降低；第二种延迟容忍型工作负载（work delayed_tolerance_type-2）处于对时间容忍度等级的第二等级，该种类型的负载作业对时间的可延迟范围更宽，该种类型的负载作业可延迟性强，因此本报告仅考虑该类型负载作业只进行时间尺度上的转移，但负载量可被减少或负载需求可被降低；第三种延迟容忍型工作负载（work delayed_tolerance_type-3）处于对时间容忍度等级的第三等级，负载作业受数据中心处理时间影响较小，对该种类型的负载作业既可以进行时间尺度上的转移，也可以进行空间尺度的转移，还能无须经过用户同意，由数据中心直接对其工作负载量进行减少。

表 5−2　　　　　　　　　数据中心各类型负载转移能力

负载类型	负载编号	可削减	空间转移	时间转移	代表性负载
可调节	SEN−1	×	√	×	网页同步/在线电影
	TOL−1	×	√	√	数字图像处理
	TOL−2	√	×	√	本地数据库加密
	TOL−3	√	√	√	存储/同传
不可调节	SEN−0	×	×	×	实时交易/涉密负载
	TOL−0	×	×	×	

注　1. SEN 表示延时敏感型；TOL 表示延时容忍型。

　　2. √代表具备；×代表不具备。

因此，以上四种类型的工作负载量及转移量的具体约束条件如下。

SEN−1 型负载作业转移模型约束：

$$\sum_{i=1}^{I} w_{i,t}^{\text{sen}} = \sum_{i=1}^{I} W_{i,t}^{\text{sen}} \tag{5−10}$$

式中：$w_{i,t}^{\text{sen}}$ 为在时段 t 内数据中心 i 转移的延迟敏感型工作负载作业量，个；$W_{i,t}^{\text{sen}}$ 为在时段 t 数据中心 i 延迟敏感型工作负载作业总转移量，个。

TOL−1 型负载作业转移模型约束：

$$\sum_{\tau}^{t+t_1} \sum_{i=1}^{I} w_{i,1,\tau,t}^{\text{tol}} = \sum_{i}^{I} W_{i,1,t}^{\text{tol}} \tag{5−11}$$

式中：$w_{i,1,\tau,t}^{\text{tol}}$ 为数据中心 i 从 t 时段转移至 τ 时段的延迟容忍型第一等级工作负载作业量，个；$W_{i,1,t}^{\text{tol}}$ 为数据中心 i 延迟容忍型第一等级工作负载作业总转移量，个。

TOL−2 型负载作业转移模型约束：

$$k_2 W_{i,2,t}^{\text{tol}} \leqslant \sum_{\tau=1}^{T} w_{i,2,\tau,t}^{\text{tol}} \leqslant W_{i,2,t}^{\text{tol}} \tag{5−12}$$

式中：$k_2 W_{i,2,t}^{\text{tol}}$ 为数据中心 i 延迟容忍型第二等级工作负载作业被减少调节后的总转移量下限，个；k_2 为延迟容忍型第二等级工作负载被保留处理的比例，取值为 0~1；$w_{i,2,\tau,t}^{\text{tol}}$ 为数据中心 i 延迟容忍型第二等级工作负载作业被减少调节后的总转移量，个；$W_{i,2,t}^{\text{tol}}$ 为数据中心 i 延迟容忍型第二等级工作负载作业总转移量，个。

TOL－3 型负载作业转移模型约束：

$$k_3\sum_i^I W_{i,3,t}^{\mathrm{tol}} \leqslant \sum_{i=1}^I \sum_{\tau=t}^{t+t_3} w_{i,3,\tau,t}^{\mathrm{tol}} \leqslant \sum_{i=1}^I W_{i,3,t}^{\mathrm{tol}} \tag{5-13}$$

式中：$k_3 W_{i,3,t}^{\mathrm{tol}}$ 为数据中心 i 延迟容忍型第三等级工作负载作业被减少调节后的总转移量下限，个；k_3 为延迟容忍型第三等级工作负载被保留处理的比例，取值为 0～1；$w_{i,3,\tau,t}^{\mathrm{tol}}$ 为数据中心 i 延迟容忍型第三等级工作负载作业被减少调节后的总转移量，个；$W_{i,3,t}^{\mathrm{tol}}$ 为数据中心 i 延迟容忍型第三等级工作负载作业总转移量，个。

（2）服务时延约束。对于数据中心工作负载的服务时延约束，为保障处理负载时网络的稳定及安全，根据队列模型和服务等级协议，得到了每个时隙的服务时延约束。

具体约束条件：

$$\begin{cases} \dfrac{1}{n_{i,t}^{\mathrm{sen}} v_i - w_{i,t}^{\mathrm{sen}}} \leqslant T^{\mathrm{sen}} \\[4mm] \dfrac{1}{n_{i,t}^{\mathrm{tol}} v_i - w_{i,t}^{\mathrm{tol}}} \leqslant T^{\mathrm{tol}} \end{cases} \tag{5-14}$$

式中：$n_{i,t}^{\mathrm{sen}}$ 为数据中心处理延迟敏感型负载作业的服务器数量，个；$n_{i,t}^{\mathrm{tol}}$ 为数据中心处理延迟容忍型负载作业的服务器数量，个；v_i 为服务器处理负载作业的速率，个/min；$w_{i,t}^{\mathrm{sen}}$ 为延迟敏感型的工作负载量，个；$w_{i,t}^{\mathrm{tol}}$ 为延迟容忍型的工作负载量，个；T^{sen} 为 CPU 处理延迟敏感型工作负载的最大时延，min；T^{tol} 为 CPU 处理延迟容忍型工作负载的最大时延，min。

因此，本书可以通过对数据中心不同类型的工作负载进行分类和控制，从而合理地进行工作负载作业量的调节，调整、延迟或转移数据中心的用能需求，提高数据中心能源消耗的灵活性；将数据中心可延迟的负载集中进行处理或对处理时间容忍度高的用户需求进行削减，才能更好地平缓阶段内能源供应系统中用电负荷的波动性；将延迟作业的工作负载置于可再生能源出力高峰阶段处理，进一步推进可再生能源的消纳，提高数据中心电力负荷调控与需求响应参与度，最终才能实现数据中心用能经济与环保。

5.3　面向清洁能源利用的数据中心参与电网互动技术

5.2.2 节介绍了数据中心的功耗管理模式和工作负载量，主要目的是为数据中心参与电网互动提供关键信息：通过分析能耗系统组成及其约束条件确定数据中心的主要能耗组成和高能耗设备，为数据中心能效调整提供模型依据。了解数据中心的用电结构和清洁能源发电系统模型的特点可以帮助数据中心优化清洁能源的利用，确保其在满足大量计算需求的同时，实现清洁能源的更大比例的消纳。通过分析工作负载类型及其约束条件，拆解数据中心应用程序、服务和计算任务需求，进而为研究其实际能耗需求和参与电网互动模式提供方法思路。数据中心可以根据其工作负载情况来调整用电模式，例如，在电网需求高峰时降低工作负载，或在清洁能源产生过剩时增加工作负载。

只有对数据中心能耗系统和工作负载进行深入研究，才能有效制定并实施能效改进和用能调度策略，帮助评估数据中心参与电网互动的经济效益，优化清洁能源整合，并制定更有效的电网互动方案。这种综合研究不仅可以使数据中心更加智能、可持续地管理其能源使用，还能通过调整用电模式，让数据中心有更多的机会获得潜在的经济奖励，进而在能源市场上提供服务。

根据数据中心的工作负载类型，以及其功耗特征，本节提出了相应的负载转移模型和功耗管理模型，引入可再生能源发电系统、储能系统和燃气轮机协同供能，并基于数据中心负载类型和用能的多样性，设定相应的约束条件。此外，本节以一天 24h 为前提，划分了 96 个时隙，提出了计及用户激励的最小化数据中心运行总成本线性目标函数，针对不同时空分布的数据中心进行仿真，结合电价变化情况，从中随机取样了 24 个时隙来代表完整的 24h，结合粒子群算法并采用 Yalmip/Gurobi 求解器，计算了采用该策略后数据中心的运行总成本以及对用户的总激励。此外，本节对比并分析了实施该策略前后不同数据中心的负载调节量的时间分布，并得出数据中心对于可再生能源消纳量的时间分布及变化趋势。结果表明，本节所提出的策略在负载调节分布、数据中心运行成本、可再生能源消纳等各方面都取得了显著的良好性能。

5.3.1　面向清洁能源利用的数据中心参与电网互动形式与分类

数据中心利用清洁能源意味着其用电主要来源于可再生能源，如太阳能、风能、水力能等。然而，数据中心通过提前或推迟处理其工作负载量，来参与电网互动并消纳清洁能源，更加灵活地管理其用电需求。这包括在电网高峰时段降低用电需求，在电网需求较低时，数据中心可以增加用电以充分利用电力系统的闲置容量，或在电网需要额外能量时提供多余的清洁能源。因此，面向清洁能源利用的数据中心参与电网互动提供了一种机制，这使得数据中心能够更加积极地参与电力需求管理，平衡电网负荷，平衡供需关系，稳定清洁能源的消纳，提高电力系统的可靠性。

数据中心利用清洁能源参与电网互动是十分重要的。对于存在不确定性的清洁能源，数据中心通过调节其功耗管理模式就能增加清洁能源渗透率，灵活地调整其工作负载，进一步参与能源市场，例如提供备用容量、提供频率调节等服务，这为数据中心提供了经济激励，同时也促进了清洁能源在整个电力系统中的使用。综合来看，数据中心通过清洁能源的利用来参与电网互动，可以更加灵活地响应电力系统的需求，提高清洁能源的渗透率，保障电力系统安全稳定经济运行。同时，数据中心可以同电力公司达成双向的、良性的可持续发展协作，这对于实现系统清洁能源整合，增强双方可持续性发展，以及提升双方经济效益都具有积极的作用。

面向清洁能源利用的数据中心参与电网互动形式主要有以下四种：

（1）能源存储与调度：数据中心可以配备能源储备设施，例如电池储能系统或其他能量储存技术，以储存可再生能源如太阳能、风能等多余电力，并在需求高峰时释放电力，以平衡电网负荷。

（2）能源消耗管理：数据中心可以通过监测能源使用情况，例如调整服务器运行模式、使用高效的设备和光源、减少冷却需求等方式来优化能源消耗，以达到节能减排的效果。

（3）节能和清洁能源交易：数据中心可以使用云计算模型来实现节能和清洁能源交易，在低电价时购买大量电力，以支持数据中心自身需求和向电网提供多余电量，在高电价时出售多余的电力以提高收益。

（4）虚拟参与：数据中心可以通过虚拟配电网络等技术，将未使用的计算能力提供给电力系统以支持电网的稳定运行，从而实现虚拟化参与电网互动。

综上所述，面向清洁能源的数据中心可以通过电网互动来实现更加可持续的建设和发展，并为降低碳排放、保护环境做出贡献。然而，现阶段，数据中心一般是通过参与电力需求响应来进行能源存储调度、能耗管理、市场交易以及虚拟参与等互动的。

5.3.2 数据中心的需求响应类型

数据中心两种负载作业对于时间可延迟的容忍弹性使得工作负载有着很广阔的可调节范围，并且其功耗系统的组成在提升清洁能源消纳率方面有着很大的空间。因此，数据中心特别适合实施电力需求响应，根据电力系统的实时状态和市场需求来灵活调整其工作负载量，进一步达成调整其用电需求的目的。这种动态调整策略实施的主要方式是在高用能成本时段内，数据中心降低负载，在电力供应充足时段增加负载。

常见的数据中心需求响应类型包括两类：基于电价的需求响应、基于激励的需求响应。

（1）基于电价的需求响应的目的是利用电价高低变化引导用户改变其用电行为，不直接改变其工作负载，可以通过分时电价、尖峰电价、实时电价等手段来诱导用户在不同时段内转移他们的需求，从而平衡用能需求，降低数据中心运行成本。

（2）基于激励的需求响应的目的是减少用户用电需求，具体方式：直接切断负荷，即无论用户在切负荷时刻拥有何种需求，直接停止数据中心供电，而给予用户响应的激励或补偿；可调节负荷控制，即依据所调节的负荷量给予用户激励，而这种调节不会对用户的需求造成很大程度上的影响，使数据中心需求响应更加灵活。

本节在数据中心考虑的是第二种类型的需求响应形式，通过数据中心运营商向用户提出激励，对可调节负荷进行控制，即对用户的工作负载进行调节和转移，对于同一个数据中心处理的工作负载类型进行分类，根据用户所需的四种类型负载作业特性进行负载的时空转移，并对响应的用户给予一定的激励；通过分析激励价格的区间，考虑互联数据中心的联合调度，得到数据中心的用能成本；并且计入可再生能源系统，即风力、光伏、储能、燃气轮机，来考虑数据中心转移负荷需求的能力，最后提出较适合的激励价格和需求响应策略，以及最小化的数据中心的运行成本。

5.3.3　基于激励的数据中心需求响应

1. 面向清洁能源利用的数据中心参与需求响应运行成本优化策略

数据中心是高功耗需求的大工业用户，在调节负荷方面有着十分广阔的前景。不仅如此，数据中心拥有大量用户资源，调整用户的服务需求有利于提高需求响应参与度。其工作负载本身对于时延的可容忍性，以及不同空间尺度下的可转移性等特征，使得数据中心拥有灵活调节负载以及参与需求响应的潜能。同时，随着可再生能源发电技术的不断改进，提高分布式电源的使用率、扩大可再生能源消纳率、减排降碳是当今时代亟待实现的一个重要目标。要实现时空分布的数据中心与可再生能源资源进一步匹配，提高清洁能源利用效率是当前亟须解决的问题。

（1）由于延迟容忍型工作负载对任务处理时间的忍耐度较高，即使数据中心延迟对该任务的处理时间，用户满意度的变化也非常小。因此本节中假设仅对四种工作负载作业类型进行转移调度，具体流程如图 5-3 所示。

（2）本节考虑通过使用电能利用效率（PUE），即数据中心所消耗的总能耗与其 IT 系统设备所消耗的能耗之比，通过工作负载量与数据中心服务器数量之间的关系，来计算数据中心的负载功耗。工作负载量的取值以谷歌发布的 2011 年 5 月数据中心数据为参考。

（3）本节通过数据中心功率与用电价格的关系就能求出数据中心的电力成本。此外，通过群体智能算法中的粒子群算法（particle swarm optimization，PSO）生成适宜的激励价格，从而通过数据中心用电成本和给予用户的激励成本来得到数据中心的整体用能成本。

（4）可再生能源的建设、运行、维护，以及管理的成本相对而言较固定，因此，本节考虑将可再生能源的成本价格设置为恒定常量，仅考虑负载调节后

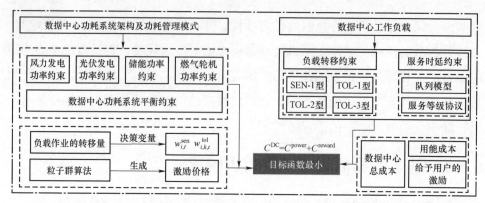

图 5-3   面向清洁能源利用的数据中心参与需求响应运行成本优化策略流程图

数据中心对可再生能源的消纳率及变化趋势,并且在可再生能源出力高峰时段尽可能地鼓励数据中心对用户实施激励从而改变用户需求,更有利于使用可再生能源来平抑电网的峰谷波动。

总之,本节假设了一种基于优化(最小化)数据中心日运行的能源供应成本的需求响应策略,对数据中心需处理的工作负载类型进行了详细的分类,考虑了用户需求及负载特性,主要对负载作业进行了在时间可延迟、空间可转移两个尺度方面的分类,以负载作业可调节量作为决策变量,对数据中心的用户引入激励,并以一天为周期,对数据中心分时段设置不同的场景划分 96 个时隙(即每个时隙为 15min),通过研究在该激励下三个不同数据中心的用能特性,得到一天中数据中心对可再生能源消纳能力的变化趋势,提出面向可再生能源的数据中心需求响应策略,进一步降低数据中心运行成本的同时,提高可再生能源的利用率,促进数据中心清洁用电及经济运行。

目标函数具体可描述为

$$C^{\mathrm{DC}} = C^{\mathrm{power}} + C^{\mathrm{reward}} \tag{5-15}$$

具体展开为

$$
\begin{cases}
C^{\mathrm{power}} = \sum_{t=1}^{T} \sum_{i=1}^{I} (C_{i,t}^{\mathrm{grid}} + C_{i,t}^{\mathrm{charge}} + C_{i,t}^{\mathrm{gas}}) \\
C_{i,t}^{\mathrm{grid}} = c_{i,t}^{\mathrm{grid}} P_{i,t}^{\mathrm{grid}} \Delta t \\
C_{i,t}^{\mathrm{charge}} = (P_{i,t}^{\mathrm{charge}} + P_{i,t}^{\mathrm{discharge}}) c_{i,t}^{\mathrm{charge}} \Delta t \\
C_{i,t}^{\mathrm{gas}} = \left(c_{i,t}^{\mathrm{gas}} \dfrac{P_{i,t}^{\mathrm{gas}}}{L^{\mathrm{gas}}} + b^{\mathrm{gas}} P_{i,t}^{\mathrm{gas}} \right) \Delta t
\end{cases} \tag{5-16}
$$

$$C^{\text{reward}} = \sum_{t=1}^{T} \sum_{i=1}^{I} \left(c_{i,t}^{\text{user-sen}} w_{i,t}^{\text{sen}} + c_{i,t}^{\text{user-tol}} \sum_{k=1}^{K} w_{i,k,t}^{\text{tol}} \right) \qquad (5-17)$$

式中：C^{DC} 为数据中心的总运行成本，元；C^{power} 为数据中心用能成本，元；C^{reward} 为数据中心给予用户的激励奖励，元；$C_{i,t}^{\text{grid}}$ 为数据中心 i 在时隙 t 向电网购电的成本，元；$C_{i,t}^{\text{charge}}$ 为储能系统运行的单位价格，元；$C_{i,t}^{\text{gas}}$ 为燃气轮机的运行成本，元；$c_{i,t}^{\text{grid}}$ 为数据中心向电网购电的电价单价，元；$c_{i,t}^{\text{charge}}$ 为储能系统运行的单位价格，元；$c_{i,t}^{\text{gas}}$ 为天然气的单位价格，元；L^{gas} 为天然气低热值，KJ/m^3；b^{gas} 为燃气轮机发电效率转换后所得系数；Δt 为时隙长度，15min；$P_{i,t}^{\text{grid}}$ 为电网发电功率，kW；$P_{i,t}^{\text{charge}}$ 为储能系统充电功率，kW；$P_{i,t}^{\text{discharge}}$ 为储能系统放电功率，kW；$P_{i,t}^{\text{gas}}$ 为燃气轮机运行功率，kW；$c_{i,t}^{\text{user-sen}}$ 为数据中心 i 在时隙 t 给予用户对于延迟敏感型负载作业的激励单价，元；$c_{i,t}^{\text{user-tol}}$ 为数据中心 i 在时隙 t 给予用户对于延迟容忍型负载作业的激励单价，元；$w_{i,t}^{\text{sen}}$ 为数据中心 i 在时隙 t 的延迟敏感型的负载作业转移量，个；$w_{i,k,t}^{\text{tol}}$ 为数据中心 i 在时隙 t 的延迟容忍型的负载作业转移量，个；K 为延迟容忍型工作负载类型，取值为 3。

2. 场景及需求响应策略设计

为了证明本节所提出的面向可再生能源的数据中心参与需求响应策略的有效性，以下内容说明了在仿真实验过程中的场景及需求响应策略设计。

（1）考虑本节所提的按工作负载类型制定的负载转移方法，取延迟敏感型工作负载量与延迟容忍型工作负载量的比例为 8:2，考虑数据中心供能系统的整体功率约束、服务器数量及负载量、服务时延约束，以数据中心运行总成本线性函数为优化目标，计算数据中心给用户的激励成本，基于粒子群算法设定适宜的惯性权重以及学习因子，改变数据中心对用户的激励价格 $c_{i,t}^{\text{user-sen}}$ 和 $c_{i,t}^{\text{user-tol}}$，以负载作业的转移量为决策变量，不断调整激励价格区间，来进一步提升用户参与工作负载转移的意愿，从而改变数据中心用能需求，提高用户需求响应参与度。

（2）具体场景说明如下：考虑数据中心用户在一天内的负载需求分布特性，假设以一天 24h 为时间尺度，划分为 96 个时间区间，每个时间区间长度为 15min，每 15min 取一次数据中心所处理的工作负载量作为研究样本，一共取样 24 个时隙。

考虑到数据中心特征的多样性，本节设置了三种具有可再生能源可用性的分布于不同空间尺度的数据中心为研究对象：第一种数据中心具有丰富且配套的可再生能源资源、完备的储能系统及燃气轮机；第二种数据中心具有丰富且配套的可再生能源资源、完备的储能系统，但是没有燃气轮机；第三种数据中心仅具备丰富且配套的可再生能源资源，不设置储能系统及燃气轮机。

考虑一天内用电负荷的峰谷期，并参考某地区的电价，设置了购电单价如图 5-4 所示，在用电高峰期购电价格较高，用电低谷期用电价格较低，从侧面刺激数据中心用户调整其服务需求以助力需求响应。

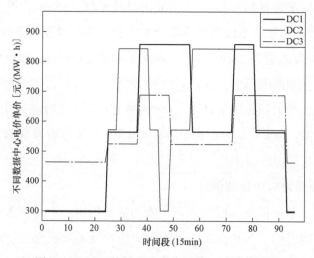

图 5-4   不同数据中心电价单价-时间关系图

（3）根据所提最小化数据中心运行成本目标函数得出激励价格，数据中心运营商将给予参与调节工作负载量的数据中心用户以激励奖励。通过 Yalmip 及 Gurobi 优化求解器得出仿真结果，对比不同数据中心在该种激励实施的情景下，分析工作负载的调节情况，以及可再生能源消纳量，最终得出结论。

3. 仿真优化结果分析

首先，根据仿真结果，得出对用户实施激励下的最小化数据中心运行总成本为 148.96 万元，其中给予用户激励为 6.26 万元。其次，三种不同类型的数据中心下，对用户使用激励转移负载策略，以及不使用该策略时数据中心处理的负载量情况如图 5-5 和图 5-6 所示，图片是同时具有可再生能源资源、储能系统及燃气轮机的数据中心 1 使用该策略前后的负载调节仿真结果。从图中可以得出，使用该策略前数据中心 1 在一天 24h 当中的工作负载分布较均匀，

12:00—23:00 处理负载量的取样值大约为 100000 个，在用户用电负荷高峰时段内仍使用高峰时段较高的购电价格，这不仅会导致数据中心的运行总成本上升，也不能够在用电高峰期调节电力需求，平抑用电高峰。而观察数据中心 1 使用该策略进行负载调节后的总负载量–时间分布图可以得出，使用该策略后，数据中心工作负载被转移到凌晨 1:00—6:00 处理，7:00—14:00 及 19:00—21:00 用电需求大的时段得到了明显的负荷削减。另外，使用该策略激励数据中心用户后，用户能因此获得奖励，用户更愿意调整数据中心的服务需求，间接性地提高了用户需求响应参与度。

　　图 5–7 和图 5–8 是同时具有可再生能源资源和储能系统的数据中心 2 使用该策略前后的负载调节仿真结果。对比使用该策略前后的总负载量–时间分布图，可以得出，在使用该策略进行负载调节前，数据中心在每一取样时隙内处理的工作负载量相近，负载处理时间分布均匀；而调节后，大大转移了本应在 6:00—11:00 及 15:00—18:00 两个用电需求大的时段处理的用户需求，减少了高峰时段的负载量。不仅如此，从数据中心 1 和 2 负载转移后的时间分布来看，结合这两处数据中心的电价单价，可以得出，负载转移的时间分布与数据中心向电网购电的低谷价格时间分布基本保持一致，间接性地促进了削峰填谷，调节了峰谷差，平抑负荷波动，且大大降低了数据中心的运行成本。

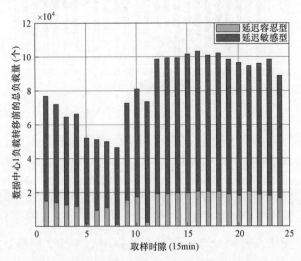

图 5–5　数据中心 1 负载调节前的总负载量–时间分布图

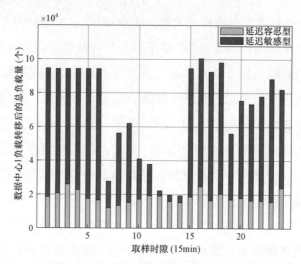

图 5-6   数据中心 1 负载调节后的总负载量-时间分布图

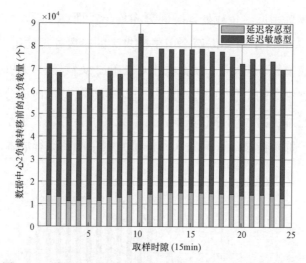

图 5-7   数据中心 2 负载调节前的总负载量-时间分布图

图 5-9 和图 5-10 是同时仅拥有可再生能源资源的数据中心 3 使用该策略前后的负载调节仿真结果。对比使用该策略前后的总负载量-时间分布图，可以得出与数据中心 1、2 类似的结论，但数据中心 3 既没有储能系统也没有设置燃气轮机，且因承担了数据中心 1、2 空间尺度上转移进入的部分负载量，所以调节后的负载量变化及时间分布变化没有数据中心 1 和 2 明显。

三种数据中心消纳可再生能源的水平如图 5-11 所示，数据中心 3 消纳可再生能源的水平最强，且为可再生能源出力高峰时段，其次为数据中心 2 对可再生能源的消纳量较高，消纳量最低的为数据中心 1。数据中心 3 承担了数据中心 1、2 空间尺度上转移的负载作业，且数据中心 3 没有储能及燃气轮机的协同调控，故数据中心 3 对可再生能源的消纳水平最高。数据中心 1 的可再生能源出力水平较数据中心 2、3 比较更加平稳。数据中心 1 供能资源匹配较为全面，故出力水平更平稳，波动性较数据中心 2、3 更小。

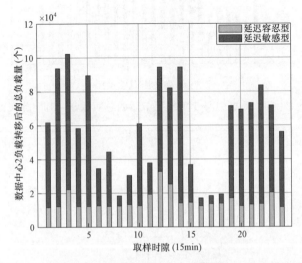

图 5-8　数据中心 2 负载调节后的总负载量–时间分布图

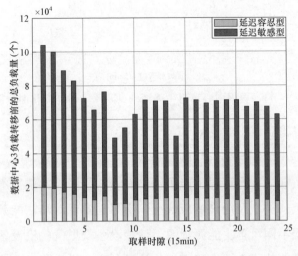

图 5-9　数据中心 3 负载调节前的总负载量–时间分布图

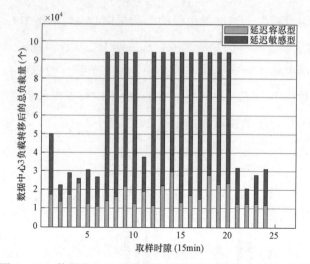

图 5-10   数据中心 3 负载调节后的总负载量-时间分布图

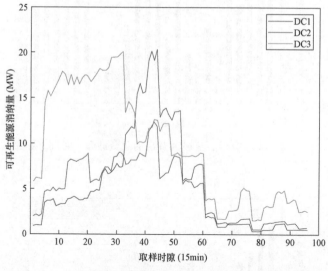

图 5-11   数据中心可再生能源消纳水平随时间变化曲线图

因此，可以得到以下结论：

（1）本节提出的面向可再生能源的数据中心参与需求响应策略对于数据中心调节其工作负载，促进可再生能源消纳有着积极影响。依据不同类型数据中心特征，考虑负载类型及用户响应情况，更好地实现对清洁能源的利用，对不同数据中心匹配不同可再生能源资源、储能设备及燃气轮机设备，将更有利于数据中心供能系统的稳定运行和高效的资源利用，进一步提高可再生能源消纳率和分布式电源的稳定性，有利于实现数据中心绿色环保发展。

（2）该种策略能够根据数据中心所在市场的峰谷期电价给予用户激励，转移用户的负载需求，调节工作负载量在负荷峰谷期的分布，平抑用电峰谷差。该种策略由数据中心对用户施加激励奖励，虽然是数据中心在承担给予用户激励的成本，但该激励成本对比数据中心在负荷高峰向电网购电的成本更能降低数据中心的运行总成本，且有利于鼓励用户依据数据中心用电情况和激励价格，调整他们的服务需求，进一步调节数据中心工作负载，从而调节用电需求的时间分布，同时提高需求响应参与度，实现数据中心与用户之间的良性互动循环。

5.4　面向清洁能源利用的数据中心参与电网互动展望

5.4.1　关键技术面临的问题及解决思路

（1）数据中心存在负荷依赖被动监测感知、难以快速准确测算的问题。因此，要研究单点、互联数据中心数据流信息结构与监测方法，构建任务类型与数据流特征的样本库，建立数据中心负荷构成及其分项负荷间的关联关系，提取数据负荷的处理流程特征，建立数据中心能耗与处理的数据负荷量的量化关系，并量化互联数据中心任务调度的能耗模型，形成单一、互联数据中心的能耗模型，实现数据中心负荷的快速测算。

（2）数据中心存在用电负荷特性未充分利用、时空调节潜力未充分挖掘的问题。因此，要研究跨省、跨区（如东西部、南北部等）不同类型数据中心负荷时空分布规律与数据流通特性，摸清未来数据中心的数量能耗增长规律，研究新能源富集地区新能源发展与数据中心配置的适应性，促进数据中心成为"绿色"可再生能源消纳的助推，研究数据中心多时空尺度调节潜力，挖掘数据中心网络优异的时空调节性能，推动电网清洁低碳转型。

（3）数据中心存在缺乏需求响应应用场景的应对策略及负荷时空转移效果仿真验证的问题。因此，要研究不同时空维度下数据中心负荷转移策略模型和面向数据中心经济运行的数据流协同优化策略，解决数据中心缺乏面向电网互动与经济运行的数据流协同优化策略的问题；研究单点和互联数据中心数据流协同优化仿真架构与仿真算例，解决对于数据中心负载转移及经济运行情况缺乏仿真验证的问题，推动数据中心参与需求响应，促进电网低碳化转型。

（4）数据中心缺乏完备的新能源消纳引导规则，亟须形成多类型资源良性互动机制。因此，要研究数据中心内部分布式电源、储能、数据负荷等多类型资源协调优化策略，提升数据中心负荷调控的灵活性，研究适应绿电消纳的数据中心负荷互动模式，发挥出新能源转化率高、运行可靠性高的优势，和数据中心负荷快速转移能力互补，研究数据中心绿电消纳效果评估与综合效益评价体系，深入评估数据中心绿电消纳的互动效益，促进新能源消纳问题解决。

5.4.2　数据中心参与电网互动未来发展目标

（1）促进数据中心绿色发展，提升社会综合能效。对数据中心而言，通过实施数据中心负荷调控等新技术可以提升其综合能效，降低数据中心能耗。同时，通过数据中心综合能源系统的智慧管控，实现用户能源自主控制、可视化及自主化调节，大大降低数据中心整体用能成本，促进客户提质增效。且数据中心节能方法策略的研究可以降低数据中心能耗，促进数据中心绿色发展，助力全社会节能减排。

（2）提升电力系统需求侧运行灵活性，保障我国电力供需平衡。由于数据中心负荷区别于空调、电采暖等柔性负荷，其不仅具有时间上的可调节特性，而且通过算力转移实现电力负荷的空间转移，从而具备空间上的可调节特性。除此之外，数据中心内还有除 IT 设备外的辅助设备，比如制冷系统、储能系统、备用发电机、新能源供电系统等，调节这些辅助设备的运行方式也可以提升数据中心负荷调节潜力。由此可见，数据中心负荷具有极大的可调节灵活性，在作为可调负荷响应资源方面具有很大的潜力和优势。研究数据中心在不同时空尺度下的负荷调节潜力，可促进数据中心纳入需求响应资源调度池，提升电力系统需求侧运行灵活性，丰富电网运行调节手段，保障我国电力供需平衡，促进我国电力市场高质量发展。

（3）建立高可信的互动仿真验证环境，支撑绿色数据中心的需求响应技术研发。作为数字基础设施的重要载体，数据中心的存储、计算、运营的"算力"

将不断提高。但伴随"算力"的提高，数据中心的运行能耗及其运行成本不断增加。实现高效的能量管理、经济运行成为了电网低碳化转型需面对的关键问题。通过研究数据中心数据流特性、建立考虑数据中心负荷时空调节潜力的电网规划与运行策略，进而对数据中心经济运行进行量化的成本与效益评估，在此基础上设计数据中心经济运行的数据流协同优化仿真验证系统，为数据中心经济运行提供策略支撑、指导数据中心参与电网需求响应和调度运行，提升以数据中心为代表的新型电力负荷参与电网互动的技术水平。

（4）为新能源消纳开拓新领域、提供新思路。新能源消纳的实施必须依托具体的负荷可调能力，因此，必须深入负荷内部，有选择性地细致分析具体负荷的可调节特性，而数据中心用电负荷目前并未在能源消纳需求响应领域引起足够重视。系统地研究数据中心参与绿电消纳的潜力，使得数据中心用电作为一种需求响应资源为绿电消纳工作的开展开拓新领域、提供新思路。

5.5 本 章 小 结

数据中心清洁能源利用和电网互动技术是促进数据中心可持续发展和减少环境影响日益重要的领域。它们旨在提高数据中心能源效率、减少碳排放，并与电网实现更加智能化的互动。尽管存在一些挑战，但随着技术的不断进步和创新，这些问题将得到解决，推动数据中心在可持续发展方面取得更大的进展。本章通过对数据中心工作负载进行分类和调度，构建数据中心功耗管理模型，提出数据中心参与电网互动策略，提高数据中心需求响应参与率，可使数据中心更加智能地利用清洁能源，并与电网实现更加高效的互动，为绿色、低碳、可持续的数据中心建设奠定基础。

第6章 数据中心制冷系统数字孪生技术

本章介绍数据中心数字孪生的概念、制冷系统模型构建方法和节能应用。数字孪生技术通过建立准确的虚拟模型,模拟实际数据中心的运行情况,为数据中心设计、规划和优化提供了强大工具。通过模拟和优化能源利用方式,提供个性化节能建议,发挥数字孪生技术在数据中心节能应用的潜力。总体而言,本章全面探讨了数字孪生技术如何改变数据中心设计、管理和运营,通过数字孪生技术优化制冷系统能耗和机房能耗,以及推动了数据中心智能化转型和可持续化发展。

6.1 数据中心数字孪生技术

6.1.1 基本概念

数字孪生是指利用数字技术对物理实体进行精确建模、数据采集和仿真模拟的一种技术手段,在虚拟空间中完成对物理实体的映射,从而反映相对应的物理实体全生命周期的状态。数字孪生的应用可以帮助提升数据中心运行效率和可靠性,优化资源配置和能耗管理,提高数据中心的运维和故障排除能力。

数字孪生技术在数据中心领域正迅速发展,为设计、运维和优化提供了智能、精准的手段。在设计和规划阶段,通过创建虚拟模型,工程师能够在物理设备设施建设之前进行全面的评估和优化。在运维方面,数字孪生技术通过实时监测和模拟数据中心的运行状态，提供对设备运行、能耗、温度分布等参数的深入洞察，帮助运维人员实时决策，优化配置，提高效率。本书提出了对数据中心进行建模的方法，数据中心数字孪生模型具有物理特性，可以实现设备状态仿真、参数控制调节，有助于对数据中心进行更加精细化的管理与优化控制。

6.1.2　数据中心数字孪生的应用价值

数字孪生可以应用于数据中心的设计和规划。通过建立数据中心的数字孪生模型，可以对数据中心的布局、机柜配置、网络拓扑等进行仿真和优化。通过模拟不同方案的运行情况，评估数据中心的性能和可扩展性，提前发现潜在问题并进行调整。这样可以降低数据中心的设计风险，提高数据中心的灵活性和可持续发展能力。

数字孪生可以应用于数据中心的运维管理。数据中心包含大量的设备和系统，需要进行持续的监控和管理。通过建立数据中心的数字孪生模型，可以实时监测数据中心的运行状态，预测设备的故障和性能问题，提前采取措施进行干预和修复。同时，数字孪生还可以对数据中心进行虚拟化和仿真，模拟不同负载和需求的情况，评估数据中心的性能瓶颈，分析瓶颈原因，从而优化资源配置和负载均衡策略，提高数据中心的效率和可靠性。

数字孪生可以应用于数据中心的能耗管理。数据中心通常是大量服务器和网络设备集中部署的地方，能耗较高。通过建立数据中心的数字孪生模型，可以实时监测数据中心的能耗情况，分析能耗的分布和原因，找出能耗的瓶颈和优化空间。通过优化服务器的功耗管理、网络设备的休眠策略等手段，降低数据中心的能耗，提高能源利用效率，减少能源消耗和碳排放。

数字孪生可以应用于数据中心的故障排除和恢复。数据中心的设备和系统可能会出现故障，影响数据中心的正常运行。通过建立数据中心的数字孪生模型，可以对故障进行模拟和分析，定位故障的原因和范围，以及故障的影响和后果。通过模拟不同的恢复策略和措施，评估恢复效果和成本，选择最优的故障恢复方案，缩短故障恢复时间，减少故障对数据中心业务的影响。

数字孪生在数据中心的应用具有广泛的应用前景。通过建立数据中心的数字孪生模型，可以优化数据中心的设计和规划，提升数据中心建设的效率和可靠性；可以改善数据中心的运维管理和故障排除能力，降低故障的影响，缩短恢复的时间；可以优化数据中心的能耗管理，降低能源消耗和碳排放。数字孪生技术的应用将为数据中心的建设和运营带来新的机遇，推动数据中心向智能化、可持续发展的方向发展。

6.1.3　数据中心数字孪生的实现方式

数据中心的数字孪生实现包括数据采集处理、建模优化、模拟仿真、数据分析挖掘、决策支持优化和数据分析可视化等六个方面。

数据采集和处理是由于数字孪生技术需要处理大量的实时数据和历史数据，数字孪生需要对这些数据进行采集和处理，以提供模型输入数据，保证建立精确的模型。

建模和优化是由于数字孪生技术需要将物理实体数字化，建立相应的数学模型。数字孪生可以进行模型建立和优化，以提供精确度较高的数字模型。数字孪生模型是一个基于物理原理和数据驱动方法构建的虚拟模型，它可以模拟真实世界中的物理系统，例如机器、设备或工厂。数字孪生模型可以对物理系统进行仿真和优化，以提高效率、减少成本和风险。

模拟和仿真主要体现在数字孪生技术可以在数字孪生模型上进行模拟和仿真，以模拟实体或系统的行为和性能，并预测可能的结果。数字孪生模型需要进行大量的仿真计算，以模拟物理系统的行为和性能。仿真计算通常包括流体力学、热力学、结构分析、优化等内容。

数据分析和挖掘的主要内容是对大量的数据进行分析和挖掘，以发现数据中的有用信息和数据，数字孪生可以对相关数据进行互补性分析和预测，以提供有效的指导意见。

决策支持和优化主要是数字孪生技术可以为用户提供决策支持和优化建议，数字孪生可以进行决策支持和优化计算，以提供合适的决策和优化方案。

数据分析和可视化主要是实现对仿真结果的数据分析和可视化，以帮助用户理解物理系统的行为和性能，并进行决策和优化。

6.2 数据中心制冷系统数字孪生模型构建方法

6.2.1 数字孪生模型特点及建模难点

数据中心包括机房和庞大复杂的配套制冷系统，数字孪生建模工作复杂。本书将数据中心制冷系统数字孪生建模分为两部分：一维制冷系统建模和三维数据中心建模。三维数据中心建模又分为三维数据中心室外模型和三维机房室内模型。

1. 一维制冷系统模型

一维制冷系统模型是用来描述和分析制冷系统行为的数学模型，其中系统的特性沿一个维度进行建模。这种模型通常是通过对制冷系统中的组件和流体流动进行一维建模来实现的。

一维制冷系统模型包含设备种类：冷却塔、冷却水泵、冷水机组、板式换热器、冷冻水泵、蓄冷罐、管路与管件、末端空调等。

一维制冷系统模型具有以下特点：

（1）简化模型：一维制冷系统模型通过在一个维度上进行建模，降低了模型的复杂性。这使得模型更易于理解、求解和实施。

（2）提升计算效率：由于简化了空间维度，一维模型通常具有较高的计算效率。这对于实时模拟和大规模系统的分析是至关重要的，特别是在优化控制策略和系统设计时尤为重要。

（3）系统级别分析：一维模型通常允许对整个制冷系统进行系统级别的分析。这包括冷水机组、冷却塔、冷却水泵、冷冻水泵等主要组件的综合效应，有助于了解系统整体性能。

2. 三维数据中心室外模型

三维数据中心室外模型是对数据中心建筑外部环境的三维建模。这种模型通常用于仿真和分析数据中心室外的热力学和气流特性，以便更好地理解和优化数据中心室外机和冷却塔的热管理、能效和整体性能。

三维数据中心室外模型包括冷却塔、室外环境对象、建筑结构等，其中冷却塔作为向室外环境散热的设备，将作为一维制冷系统与三维室外模型的数据交互节点。

三维数据中心室外模型具有以下特点：

（1）室外温度仿真：三维数据中心室外模型的仿真通常包括热力学方面的分析，考虑建筑结构、太阳辐射、周围环境等因素对数据中心室外温度分布的影响。这有助于确定室外热点区域和热量分布，从而指导室外设备的设计和优化。

（2）室外气流仿真：针对数据中心的室外环境，仿真工具可以模拟环境风的流动，包括风速、风向和湍流等。这有助于了解自然通风对数据中心的影响，以及气流如何影响室外设备的散热。

（3）太阳辐射分析：室外模型可以模拟太阳辐射对数据中心建筑的直接影响。这涉及太阳光的入射角度、日照时间和热吸收等，帮助设计师优化太阳辐射对建筑散热的影响。

（4）环境温湿度变化：考虑到数据中心所在地区的季节性变化，室外模型可以模拟环境温湿度的变化。这对于评估数据中心在不同季节和气象条件下的性能非常重要。

3. 三维机房室内模型

三维机房室内模型是通过计算流体力学（compuational fluid dynamics，CFD）仿真工具，以三维模型形式对机房内部进行数字化建模，并进行模拟分析，以评估和优化机房的各个方面。这种仿真通常包括考虑机房的空气流动、温度分布、设备布局、设备散热、能效等多个方面的因素。

三维机房室内模型包括末端空调、机柜、IT设备、地板出风口等，以及其他设备，其中末端空调作为一维制冷系统向室内供冷的主要设备，将作为一维数据中心制冷系统模型与三维机房室内模型的数据交互节点。

三维机房室内模型具有以下特点：

（1）模型较直观：通过三维建模，仿真工具可以提供真实感的环境展示，使设计者和工程师能够直观地观察机房的布局、设备摆放和空间利用情况。

（2）精确的气流组织：仿真工具能够模拟机房内的空气流动，包括冷气流、热气流和空气循环。这对于优化通风和冷却系统设计非常重要。

（3）设备散热效果评估：仿真工具可以模拟各种设备的散热效果，有助于评估设备在机房内的散热性能，确保设备不会因过热而导致故障。

4. 人工智能方法建模

近年来，研究人员越来越倾向于采用人工智能和机器学习方法进行建模，包括神经网络、支持向量机和回归分析等。这些方法能够更有效地处理制冷系统复杂的关系，提高模拟的准确性和效率。

（1）回归分析。回归分析是一种基于统计学的分析方法，用于研究变量之间的相关关系。在数据中心能耗预测中，回归分析可以通过建立回归模型，预测未来一段时间内数据中心的能耗情况。回归分析具有较高的可解释性和稳定性，但同时也存在着一些问题，比如对数据的偏斜性和异方差性敏感等。

（2）支持向量机。支持向量机是一种基于统计学习理论的分类和回归分析方法，具有较高的预测精度和泛化能力。在数据中心能耗预测中，支持向量机可以通过建立核函数，将高维数据映射到低维空间中，从而提高预测精度。但是支持向量机在处理多维数据时，计算复杂度较高，需要较长的处理时间。

（3）神经网络。神经网络是一种模拟人类神经系统的计算模型，具有自适应、非线性、并行等特点。在数据中心能耗预测中，神经网络可以通过学习历史数据和环境变量等信息，预测未来一段时间内的能耗情况。神经网络的研究已经取得了很大的成果，但同时也存在着一些问题，比如训练时间长、容易陷入局部最优等。

但此技术存在以下缺点：

（1）算法缺点。神经网络训练时间长、容易陷入局部最优等；支持向量机在处理多维数据时，计算复杂度较高，需要较长的处理时间；回归分析对数据的偏斜性和异方差性敏感等。

（2）需求大量历史数据。能耗模型若要达到一定精度，需要大量的历史数据，通过历史数据学习得到能耗模型，如果数据稀疏、覆盖范围窄，那么都会导致模型失效。

上述各类建模方法优缺点各异。对于制冷系统的数值模拟而言，传统的 CFD 三维建模方式可能耗费大量时间和计算资源，特别是考虑到制冷系统的管网结构及其复杂性，以及涉及的阻力、压降、管径变化和外界传热等多个影响因素。人工智能方法建模需要大量的历史数据进行训练，存在模型推广能力受限的问题。因此，数据中心建模需要多种建模技术的组合。

6.2.2　通过一维、三维模型耦合实现全链路建模

本节首先通过对机房和室外冷却塔进行三维建模，对制冷系统进行一维建模，然后将二者进行耦合，建立数据中心全链路的数字孪生模型。本方法有以下几个特点：

（1）可以建立冷冻水系统数字化的数字孪生能耗模型。

（2）不需要大量的历史数据用于机器学习。

（3）能够根据室外热环境的变化、室内热环境的变化计算出冷却系统能耗。

（4）一维冷冻水系统和三维机房空调、冷却塔环境耦合模拟，增加流体设备控制功能。

应用一维与三维环境耦合方法预测数据中心制冷系统的能耗，一维模型包括冷冻水与冷却水系统管路与设备；三维冷却塔模型仿真模拟外部环境对冷却塔性能的影响，构建冷却系统设备的关键能耗数据，得到制冷系统与室外热环境的能耗耦合关系；三维机房模型中构建末端空调与 IT 设备的关键能耗数据关系，得到空调能效与回风温度、风机功耗与送风效率、IT 设备功耗与机房热环境的耦合关系。在此基础上通过硬件结构改造、控制策略优化等方式进行机房能效提升，优化后能够降低机房能耗，保证 IT 设备安全运行。

6.2.3　数据中心数字孪生模型构建方法

本模型是一个数字孪生能耗模型，主要分为一维和三维系统模型，包括多种设备种类及其关键能耗参数，以及实现能耗计算的控制方式。

一维系统在冷源系统中具有较高的适用性，其主要特点包括简单、直观的建模方式，以及对系统整体性能的有效分析。然而，当涉及室外和室内的复杂环境时，三维模型的应用显得更为合适，它能够更全面地考虑空间内的温度、湿度、流动等多个因素，提供更为细致的仿真结果。因此，一维流体网络系统主要负责冷冻水系统和冷却水系统循环；三维室外模型负责室外环境对室外设备的影响，三维室内机房模型主要负责机房空气系统循环。

1. 数字孪生模型组成

（1）一维流体网络系统模型。冷冻水系统及其设备包括冷却塔、冷却水泵、冷水机组、板式换热器、冷冻水泵、蓄冷罐、管路与管件和末端空调等。

各设备能耗与热环境关键参数如表 6-1 所示。

表 6-1　　　　　　　　　各设备能耗与热环境关键参数

设备种类	能耗评估关键参数	热环境评估关键参数
冷却塔	风机转速、风机风量	进水温度、出水温度、环境湿球温度、水循环量、冷却塔流量压降曲线
冷却水泵/冷冻水泵	水泵转速	水泵性能曲线
冷水机组	能耗二维表（① 部分负荷系数；② 冷冻水供水温度；③ 冷却水进水温度；④ 冷水机组能效；⑤ 部分负荷制冷量）	蒸发器水侧流量与压降曲线、冷凝器水侧流量与压降曲线、参考冷冻水供水温度、参考冷却水进水温度
板式换热器	—	换热流动方式、一次侧流量与压降曲线、二次侧流量与压降曲线、一二次侧热传导曲线
蓄冷罐	—	容积、高度
管路与管件	—	直径、长度、流动阻力曲线
末端空调	风机转速	水侧流量压降曲线、显冷曲线、冷冻水进水温度、额定水循环量、额定风量
IT 设备	—	散热量

一维流体网络系统模型包括上述一维系统主要设备，以及设备对应的特性参数，每种设备对象可以为一个或者多个，图 6-1 上标注设备名称，箭头表示

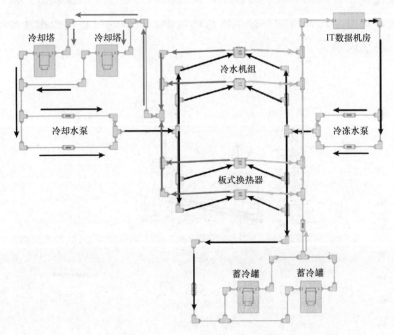

图 6-1　一维数据中心制冷系统图

冷冻水与冷却水的流动过程。冷却塔经过直接蒸发吸热对冷却水进行降温，冷却水经过冷却水泵输送到冷水机组与冷冻水换热，或者直接通过板式换热器进行换热，冷冻水经过降温后被冷冻水泵输送到 IT 机房末端空调，室外空气中冷量和机房散发热量完成了热量交换。

（2）三维数据中心室外模型。三维数据中心室外模型包括冷却塔、室外环境、建筑结构等。其中冷却塔作为向室外环境散热的设备，将作为一维制冷系统与三维室外模型的数据交互节点。

各设备能耗与热环境关键参数如表 6－2 所示。

表 6－2   各设备能耗与热环境关键参数

设备种类	能耗评估关键参数	热环境评估关键参数
冷却塔	风机转速、风机风量	进水温度、出水温度、环境湿球温度、水循环量
环境	—	干球温度、湿球温度、室外风速、风向

三维室外模型包括上述三维室外模型主要设备，每种设备对象可以为一个或者多个，图 6－2 上标注设备名称，箭头表示空气与冷却水的流动过程。右下角为前视图。室外模型的冷却塔模型，高温回水经过冷却塔蒸发散热后，经过降温成低温进水。冷却塔的热排风流进环境中，可以通过仿真模拟冷却塔排风对周围环境的影响。

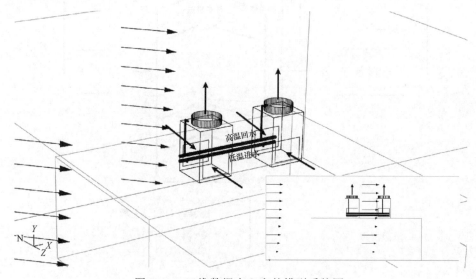

图 6－2　三维数据中心室外模型系统图

（3）三维机房室内模型。室内模型包括末端空调、IT设备、机柜等，其中末端空调作为一维制冷系统向室内供冷的主要设备，将作为一维数据中心制冷系统模型与三维机房室内模型的数据交互节点。

三维机房室内模型设备包括末端空调、机柜、IT设备、地板出风口等，三维机房还有很多其他设备，此处只阐述主要设备。

各设备能耗与热环境关键参数如表6-3所示。

表6-3　　　　　　　　　　各设备能耗与热环境关键参数

设备种类	能耗评估关键参数	热环境评估关键参数
末端空调	风机转速	显冷曲线、冷冻水进水温度、额定水循环量、额定风量
机柜	—	输入电功率（机柜黑盒子模型）
IT设备	流量功耗比	输入电功率、负载率
地板出风口	—	开孔率

三维机房室内模型：包括上述三维机房室内模型主要设备，每种设备对象可以为一个或者多个，图6-3上标注设备名称，箭头表示空气的流动过程。右下角为前视图。精密空调机组的风机直接向机房防静电地板下送风，在地板下形成一定的风压，再通过地板出风口和设备排风口，气流由下向上流动对设备进行冷却后返回到空调机组。

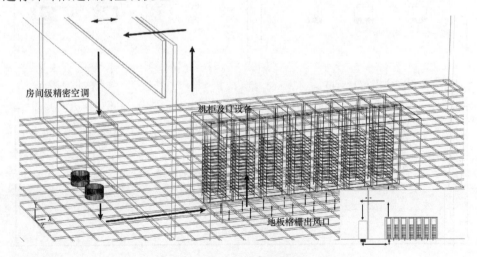

图6-3　三维机房模型图

4）流体设备控制方式说明。数字孪生模型主要设备包括冷却塔、冷水机组、水泵、末端空调、IT 设备。表 6-4 为各设备的控制方式。

表 6-4　　　　　　　　　数字孪生模型主要设备的控制方式

设备种类	控制方式
冷却塔	变频风机，根据出风温度控制风机转速
水泵	根据管路压降、流量、温度等控制水泵转速
冷水机组	冷冻水出水温度控制
末端空调	根据送风温度或者回风温度，或者送回风温差控制风机转速
IT 设备	根据 IT 进风温度或者负载控制风机风量

2. 一维与三维模型数据耦合

本节介绍一维与三维数据耦合方式。一维与三维数据耦合方式图，如图 6-4 所示，包括上述一维、三维主要设备，每种设备对象可以为一个或者多个，图上标注了设备名称，细黑色箭头表示三个系统间的数据流向，线上的文字描述为传递的主要参数，粗黑色箭头表示该设备有两个回路，两侧流体间接耦合换热。

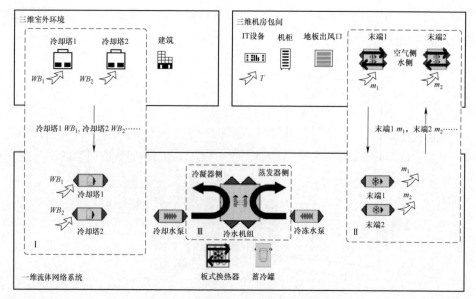

图 6-4　一维与三维数据耦合图

WB—湿球温度；T—IT 设备进风温度；m—水的质量流量

数据流与耦合主要有三处,标记为Ⅰ、Ⅱ和Ⅲ。

(1)图 6-4 中Ⅰ表示三维室外环境冷却塔的进风湿球温度模拟结果传递给一维流体网络系统的冷却塔模型,这样做的原因为受到环境风速和风向的影响,每个冷却塔的进风湿球温度不一样,三维室外模拟可以得到这个模拟结果,传递给一维模型后可以得到更准确的冷却塔出水温度。

(2)图 6-4 中Ⅱ表示三维机房末端空调的进水流量来自一维流体网络系统的模拟结果,这样做的原因为受到冷冻水管路阻力的影响,每个管路的流量不一样,一维模型可以得到这个模拟结果,传递给三维机房室内模型后可以得到更准确的末端空调进水流量。黑色双向箭头表示末端空调实现空气侧与水侧耦合换热,实现末端空调换热器在不同的进水流量下对空气侧出风温度的影响。

(3)图 6-4 中Ⅲ表示一维流体网络系统的冷水机组,实现蒸发器侧与冷凝器侧耦合换热,实现在不同的冷凝器冷却水侧进水温度、不同的蒸发器冷冻水侧出水温度下的冷却能力与能效计算。

3. 数字孪生模型可实现的效果

应用一维与三维模型耦合方法对数据中心全链路的建模,可以模拟热量由 IT 设备转移到室外的完整过程,同时建模过程中输入了各设备的物理参数信息与能耗特性曲线,因此可以计算在某一工况下各设备的能耗信息,同时也可以模拟部分设备设定参数改变时给其他设备带来的影响,实现对数据中心制冷系统能耗的预测。例如,当冷冻水泵运行频率改变时,水循环量也会相应改变,这一改变不单影响水泵自身,同时会影响到末端空调,以及冷水机组的运行效率。此外,末端空调运行效率的改变,同样也会改变整个 IT 机房内的气流组织。因此只有实现全链路的完整建模,才可以准确地模拟某一参数改变时,整个数据中心的能耗变化。

6.3　利用数字孪生模型优化制冷系统能耗的流程

6.3.1　制冷系统能耗优化的常用手段

数据中心中冷却系统能耗通常占总能耗的 30%～40%。冷冻水系统是数据中心中常用的冷却方案，其通过循环的方式将冷量送至服务器，从而将热量带走。在这个过程中，冷冻水系统需要消耗大量的能源，因此非常必要对冷冻水系统的能耗进行优化控制。

当前，已经有很多研究对数据中心冷冻水系统的能耗进行了优化控制，而且取得了一些进展，包括以下几种方法：

（1）传统的 PID 控制方法。PID 控制方法是一种经典的控制方法，其通过测量系统输出和期望输出之间的误差，并根据误差的大小来调整控制器的输出，从而实现对系统的控制。在数据中心中，PID 控制方法也被广泛应用于冷冻水系统的能耗控制中。该方法通过测量冷却水的流量、温度等参数，并根据这些参数来计算冷却水的能耗，然后根据 PID 控制器的输出来调整冷却水的流量和温度，从而实现对冷冻水系统的能耗进行控制。

（2）基于模型预测控制的方法。模型预测控制方法是一种基于数学模型的控制方法，其通过建立系统的数学模型，并根据模型来预测系统未来的状态，从而调整控制器的输出，实现对系统的控制。在数据中心中，模型预测控制方法也被广泛应用于冷冻水系统的能耗控制中。该方法通过建立数据中心冷冻水系统的数学模型，并根据模型来预测未来冷却水的流量和温度，然后根据预测结果来调整冷却水的流量和温度，从而实现对冷冻水系统的能耗进行控制。

（3）基于人工智能的方法。人工智能是一种非常热门的技术，其可以通过机器学习、深度学习等算法来实现对系统的控制。在数据中心中，人工智能也被广泛应用于冷冻水系统的能耗控制中。该方法通过将数据中心冷冻水系统的历史数据输入到神经网络中进行训练，并根据训练结果来调整冷却水的流量和温度，从而实现对冷冻水系统的能耗进行控制。

（4）混合控制方法。混合控制方法是一种将多种不同的控制方法结合起来的控制方法，其可以充分发挥各个控制方法的优点，提高控制精度和鲁棒性。在数据中心中，混合控制方法也被广泛应用于冷冻水系统的能耗控制中。该方法通过建立数据中心冷冻水系统的数学模型，并根据模型来预测未来冷却水的流量和温度，然后根据预测结果来调整冷却水的流量和温度，如果预测结果与实际结果的误差超过一定范围，那么采用 PID 控制方法来调整控制器的输出，从而实现对冷冻水系统的能耗进行控制。

上述研究方式有以下几个问题：一是传统的 PID 控制方法存在一些缺点，

例如灵敏度低、鲁棒性差等，这些缺点会影响其在数据中心中的应用。因此，越来越多的研究开始探索其他更加先进的控制方法。二是模型预测控制方法相比于传统的 PID 控制方法具有更高的控制精度和更好的鲁棒性，但是其需要建立系统的数学模型，因此在实际应用中需要消耗大量的计算资源。三是人工智能方法相比于传统的控制方法具有更高的自适应性和更好的控制精度，但是其需要消耗大量的计算资源，并且需要大量的历史数据进行训练。四是混合控制方法可以充分发挥各个控制方法的优点，提高控制精度和鲁棒性，但是其也存在一些问题，例如控制器的参数调整比较困难等。

综上所述，当前常见的优化控制方法均有一定的弊端，本书将介绍一种基于数字孪生模型的优化控制方法，该方法在确保有效地进行节能控制的基础上，大幅降低数据处理所需的计算资源。

6.3.2　基于数字孪生模型进行系统节能优化控制

本书以冷冻水系统设备的控制方式为出发点，结合一维与三维数字孪生模型模拟方法，提出一种优化的数据中心冷冻水系统的流体设备控制方式，实现热环境耦合的能耗计算。

1. 流体设备控制方式

流体系统仿真需要实现对设备的整体控制，设备包括冷却塔、冷水机组、水泵、末端空调、IT 设备等。在流体系统中，各主要设备的控制方式对于确保系统的高效运行至关重要。冷却系统中，冷却塔通过调整风扇、水流和湿球温度提高散热效率，冷水机组智能控制负荷和温度实现最优能效，水泵调整流速保持均匀流动，末端空调和 IT 设备智能调整以协同优化整个系统性能。综合而言，流体网络控制有助于提高系统的能效、降低能耗，并确保在各种工况下都能够稳定可靠地运行。

2. 控制系统结构

本节使用一维与三维结合的控制系统结构，下面说明各设备控制及变量与控制点位置。图 6-5 包括一维、三维主要设备，每种设备对象可以为一个或者多个，图上标注了设备名称。空心圆圈表示控制设备参数，黑色实心圆圈表示控制值。

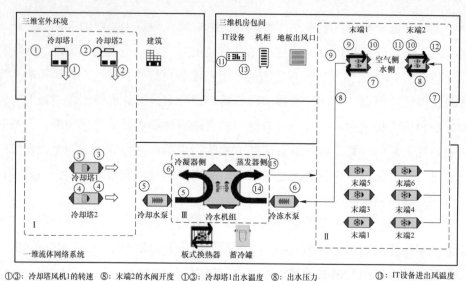

①③: 冷却塔风机1的转速　⑧: 末端2的水阀开度　⑬: 冷却塔1出水温度　⑧: 出水压力　⑬: IT设备进出风温度
②④: 冷却塔风机2的转速　⑨: 末端1风机的转速　②④: 冷却塔2出水温度　⑨: 末端1进风侧温度/压力　　或者负载
⑤: 冷却水泵的转速　　⑩: 末端2风机的转速　⑤: 冷凝器进水温度　⑩: 末端1出风侧温度/压力　⑭⑮: 蒸发器进出水温
⑥: 冷冻水泵的转速　　⑪: IT设备风机的转速　⑥: 冷凝器出水温度　⑪: 末端2进风侧温度/压力
⑦: 末端1的水阀开度　　　　　　　　　　　⑦: 进水压力　　　⑫: 末端2出风侧温度/压力

图6-5　控制系统结构图

在图6-5中，Ⅰ展示了三维室外环境冷却塔的进风湿球温度模拟结果被传递至一维流体网络系统的冷却塔模型。Ⅱ表示三维机房末端空调的进水流量，其来源于一维流体网络系统的模拟结果。Ⅲ表示一维流体网络系统的冷水机组，实现了蒸发器侧与冷凝器侧的耦合换热，以计算在不同冷凝器冷却水侧进水温度和不同蒸发器冷冻水侧出水温度下的冷却能力与能效。这种综合的模拟方法有效地考虑了不同维度间的耦合关系，提高了系统建模和性能分析的准确性。

3. 控制系统工作流程及能耗计算

本节介绍一维和三维系统耦合控制流程，以及设备的控制方式，从而实现能耗计算。

图6-5包括三个系统，分别是三维室外环境、三维机房，以及一维流体网络。图6-6所示流程从三维室外环境计算开始：

（1）三维冷却塔的控制，根据图6-5中①、②的冷却塔出水温度实现变频风机控制，如果出水温度不满足设定值要求，那么室外风机就会加大风量直到最大限值，得到的湿球温度会传递给一维冷却塔，三维冷却塔会计算出最后的功耗。

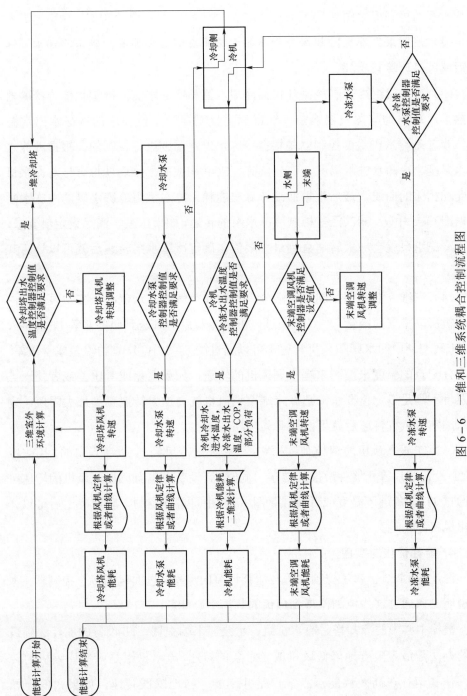

图 6－6　一维和三维系统耦合控制流程图

（2）一维冷却塔、冷却水泵及控制器、冷水机组冷却侧构成冷却水循环，冷却水泵的控制根据图6-5中⑤、⑥的温差控制冷却水泵的转速，如果温差不满足设定值要求，那么冷却水泵就会加大转速直到最大限值，确定冷却水泵转速后就可以计算其功耗。

（3）冷水机组内部制冷循环包括冷却水侧和冷冻水侧，冷却水侧为冷凝器散热，冷冻水侧与蒸发器换热，输出满足控制器设定值要求的冷冻水出水温度，也就是冷水机组的控制器是根据冷冻水出水温度进行控制的，根据冷冻水出水温度、冷却水进水温度、部分负荷、COP构成的二维表就拟合出与冷水机组能耗相关的曲线，最后根据曲线计算出能耗。冷水机组冷冻水侧的冷冻水泵根据图6-5中⑦、⑧的压差控制冷冻水泵的转速，如果压差不满足设定值要求，那么冷冻水泵就会加大转速直到最大限值，确定冷冻水泵转速后就可以计算其功耗。

（4）三维末端空调控制：末端分为水侧和空气侧，水侧与冷冻水泵相连，提供机房热空气的冷量，空气侧通过风机将冷却后的风送到服务器等IT设备入口，末端空调中的水阀和风机转速都可以通过图6-5中⑨、⑩的温差或者压差，或者任一点的温度来控制末端空调风机的转速，如果温差或者压差或者任一点的温度不满足设定值要求，那么末端空调风机就会加大转速直到最大限值，确定末端空调风机转速后就可以计算其功耗。

（5）IT设备风机转速控制：末端空调是要送冷风到IT设备入口的，用来冷却IT设备芯片等元器件散发的热量，同时IT设备中也有风机，风机的转速可以通过IT设备进风温度或者负载率图6-5中⑬进行控制，转速确定后可以计算出风机的功耗。

4. 能耗优化的实现

通过6.3.1节了解了控制过程与能耗计算的流程，里面包括多个控制器，本节说明如何通过这些控制器得到最优的数据中心能耗。

数据中心中的冷却塔、冷水机组、水泵、末端空调、IT设备的能耗达到最低的办法是最大限度地降低风机或者水泵的转速，冷水机组是降低压缩机的转速，使其运行在高效性能点上，但是并不能一味地降低转速，如果太低会导制冷冻水供水不足或者风机风量不足，那么都会导致IT设备出现热点问题。

通过这些控制器的控制实现最优的数据中心能耗，同时保证 IT 设备安全运行的热环境。

图 6-7 包括三维室外环境、三维机房以及一维流体网络系统，其中重点突出了控制器的流程，虚线为控制器的反馈路径。通过该路径，控制器将控制指令下发至指定设备进行参数控制调整。此调整是逐步进行的，一维与三维耦合计算时控制器需要不断迭代优化计算，才能得到最终解。

优化控制要求的前提包括机房 IT 设备负载不变，冷水机组可以调整冷冻水出水温度，所有风机和水泵均是变频的设备，三维室外环境与三维机房热环境良好，不需要优化。具体优化方式可通过如下方式实现：

（1）减少末端空调风机能耗，通过在 IT 设备进出风口放置传感器实现更精准的温差和送风温度控制，有效提高了控制准确性，增加温差和送风温度，从而降低末端空调风机功耗。

（2）减少 IT 设备风机能耗，主要以 IT 设备进风温度为控制参数，将 IT 设备进风温度设定为最大允许值，同时确保不增加风机转速，避免不必要的能耗上升。将控制传感器放置在 IT 设备进风入口，与末端空调送风温度控制点一致，有助于实现末端空调风机与 IT 设备风机的协同工作，提高系统整体能效。

（3）降低冷冻水泵能耗，采用温差和压差控制，控制器要优先保证压差，再根据末端空调控制情况提高温差，这样可以降低冷冻泵能耗。

（4）降低冷水机组能耗，主要采用提高冷冻水出水温度方式。

（5）降低冷却塔能耗，主要采用提高冷却塔出水温度方式。

上述所有设备降低能耗的方法是提高温差，从末端空调开始，提高控制温差或者控制温度，进而影响冷冻水、冷却水侧的温差，然后影响水泵、冷却塔、冷水机组、IT 设备风机的能耗，上述所有能耗加在一起就是数据中心的总能耗。但是要注意 IT 设备风机的能耗会随着进风温度提高而大幅增加，这部分增加的风机能耗没有用来做计算，仅仅增加了碳排放。此外，冷水机组的出水温度也不能无限提高，需要控制在冷水机组能力输出范围之内。综合上述原因，冷冻水系统设备能耗随末端空调温差和控制温度提升的变化会有一个最优点，控制优化的目的是寻找这个最优点。

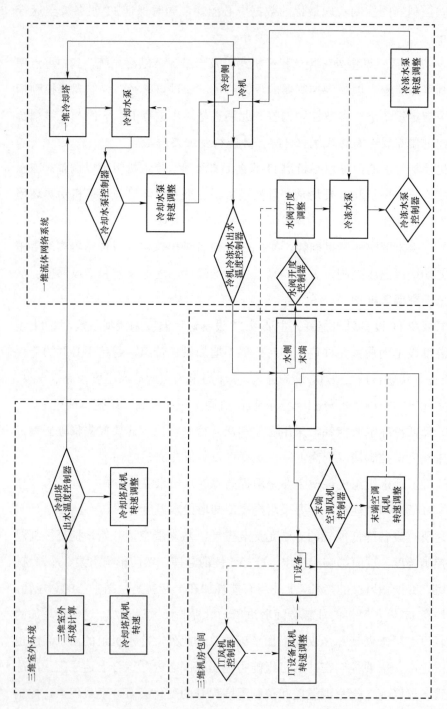

图 6 - 7　控制过程与能耗计算的流程图

6.4　数字孪生模型与 AI 控制模块间交互

本书使用 AI 构建的控制模块替代传统的冷却系统控制方法，通过 AI 控制模块调整数据中心数字孪生平台模型中设备的控制参数，以末端空调为例，寻找设备能耗随末端空调温差和控制温度变化的最优点。下面介绍基于 CFD 平台的数据中心数字孪生模型与 AI 控制模块的交互方式。

在数据中心行业中，CFD 技术已经用于 IT 设备内部风道设计，以及机房室内外风场环境的合理性评估。本书使用 CFD 仿真工具对某一对象进行三维建模，然后通过网格绘制工具将对象区域划分为多个立体几何网格，最后通过求解偏微分方程，得到每一个网格内的流体流动状态，最终实现对求解对象区域整个流体流动特性的分析。

AI 控制模块与 CFD 平台的交互模式如图 6-8 所示。AI 控制模块将末端空调的控制参数发送至 CFD 平台，CFD 平台仿真计算出基于该指令的机房内设备温度、温度场、压力场等数据结果。然后，将模拟结果发送回 AI 控制模块，AI 控制模块判断优化效果后，进一步下发新的控制指令，反复迭代演算直至达到最佳优化效果。

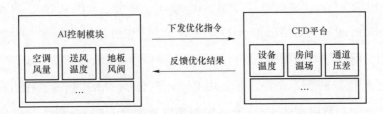

图 6-8　AI 控制模块与 CFD 平台交互模式示意图

本节介绍的两项技术分别是基于数据中心数字孪生 CFD 平台的 AI 控制架构，以及 AI 控制模块与数据中心数字孪生 CFD 平台接口。首先，基于数字孪生 CFD 平台的 AI 控制架构，实现了对数据中心运行的智能监控和调整，使系统更加适应实时环境变化。其次，通过建立 AI 控制模块与数据中心数字孪生 CFD 平台的接口，实现了智能控制模型与数字孪生模型的无缝对接，为更加精确地预测和响应提供了技术支持。这一方法旨在提高数据中心的仿真分析的运行效率，快速寻找最佳参数，同时为未来数字孪生技术在数据中心管理中更广泛的应用奠定基础。

6.4.1　基于数字孪生 CFD 平台的 AI 控制架构

本节主要利用 AI 控制方式，优化末端空调的运行参数，首先建立 IT 机房的三维模型，并利用 CFD 技术计算室内气流组织，同时开放接口允许 AI 控制模块对仿真结果进行数据分析与设备参数调整，最后由 AI 控制模块确定，在保证设备安全运行的基础上，能耗最优的末端空调控制方式。本方法内容由以下三部分构成。

（1）具有控制功能的数据中心数字孪生 CFD 平台。数字孪生 CFD 平台中的模型可以是三维数字孪生模型，可以是一维数字孪生模型，还可以是一维与三维耦合的数字孪生模型（数字孪生模型请参考 6.2 节）。

数字孪生 CFD 平台中的各种设备模型有对外数据接口，这些设备包括但不限于冷水机组、冷冻泵、冷却泵、冷却塔、板式换热器、阀门、末端空调、机柜、IT 设备等。

（2）AI 构建的控制模型。AI 控制模块采用的控制方法可以是模糊控制方法、PID［比例（proportional）、积分（integral）、微分（derivative）］或者 PI［比例（proportional）、积分（integral）］控制方法，也可以是监督学习模型、强化学习模型、深度学习模型等。

AI 控制模块的脚本文件，可以用 C++、Python、Matlab 等多种语言实现。脚本与数据中心数字孪生 CFD 平台模型实现数据交互控制。脚本文件里面可以添加任何数字孪生模型的输入和输出数据，实现多种控制对象参数的组合优化，实现比传统控制更优的节能效果与安全保障。

（3）数据中心数字孪生模型 CFD 计算方法。当给定数据中心数字孪生模型中的设备参数后，CFD 平台会根据模型设备参数建立数字模型，通过 CFD 仿真计算得到模拟结果。基本的设备参数和模拟结果见表 6-5 和表 6-6。

表 6-5　　　　　　　　基本的设备参数（包括但不限于）

序号	需求相关数据	序号	需求相关数据
1	围护结构	5	地板出风口
2	内部建筑结构	6	其他基础设施与障碍物
3	冷却基础设施	7	环境
4	IT 类设备		

表 6-6　　　　　　　　模拟结果（包括但不限于）

序号	对象	输出模拟结果
1	容量	可用/已用电力
2		可用/已用冷量
3		可用/已用冷却气流
4	整场	各个高度与截面位置的温度分布
5		各个高度与截面位置的速度分布
6		各个高度与截面位置的压力分布
7		流线
8	机柜	GB 50174—2017《数据中心设计规范》标准温度对比
9		机柜的温度（底部、中部和上部）
10		过热机柜分布
11		机柜进风口和出风口的温度
12	IT 设备	GB 50174—2017《数据中心设计规范》标准温度对比
13		通风口进口、出口温度
14		过热设备分布
15		风机转速
16		负载率
17	地板出风口	出风平均温度
18		向上、向下流量
19		压差图
20		高架地板下的静压力
21		流线图
22	末端空调	使用冷量、风量
23		平均送风、回风温度
24		送风效率、回风效率
25		流线图
26		风机功率、转速

序号	对象	输出模拟结果
27	冷却塔	进出风干湿球温度、相对湿度
28		进出水温度
29		水流量、水分蒸发量
30		散热量
31		风机风量、功率、转速
32	冷水机组	制冷量
33		输入功率、COP
34		供水温度
35		水流量
36	水泵	水流量、扬程
37		转速、功率

6.4.2　AI 控制模块与数字孪生 CFD 平台模型接口

模型接口可以让 AI 控制模块控制数字孪生模型中的设备（包括但不限于冷水机组、末端空调、IT 设备等），CFD 平台将数字孪生模型计算模拟结果数据反馈给 AI 控制模块。接口相关的控制对象与控制属性的详细信息见表 6-7。

表 6-7　　　　　　　　　　控制对象与控制属性

序号	控制对象	控制属性
1	控制	迭代步数
		时间步数
2	控制器	输出
		设置值
		死区
3	传感器	温度、速度、压力、流量
4	风口	流量
		干湿球温度、相对湿度
5	末端空调	风机转速
		送风温度、湿度
		运行功率

续表

序号	控制对象	控制属性
6	IT 设备	运行功率
		风机风量
7	冷水机组	冷却侧进出水温度、流量
		冷冻侧进出水温度、流量
		运行功率
		输出冷量
8	水泵	水流量
		运行功率
		运行转速
9	冷却塔	进出风干湿球温度、相对湿度
		进出水温度
		水流量
		水分蒸发量
		散热量
		风机风量
		风机功率
		风机转速
10	环境	干湿球温度
		相对湿度
		风速风向、太阳辐射

API 接口共有 5 个函数，可以读写 csv 文件。csv 文件中的对象与属性参数的详细信息见表 6－8。

表 6－8　　　　　　　　　　API 接口 5 个函数的语法和描述

序号	函数名	语法	描述
1	Rainspur_readCFDOutFile.m	Rainspur_readCFDOutFile（'文件名'）	该函数读取由数字孪生 CFD 模型生成的文件 out.csv，该文件包括所有对象的模拟结果数据。同时创建一个名为 Rainspur 的全局变量，它包含所有控制对象的属性和值
2	Rainspur_getCFDOutData.m	Rainspur_getCFDOutData（'控制对象"控制对象唯一标志"控制属性'）	该函数返回一个数组，该数组包含在 out.csv 文件。可以使用此选项跟踪当前求解器迭代步数，以及不同对象的状态

续表

序号	函数名	语法	描述
3	Rainspur_getCFDinData.m	Rainspur_getCFDInData（'控制对象"控制对象唯一标志"控制属性'）	该函数返回一个数组，该数组包含在 in.csv 文件中，该文件包括数字孪生模型需要的输入数据
4	Rainspur_setCFDInData.m	Rainspur_setCFDInData（'控制对象"控制对象唯一标志"控制属性"控制值"单位'）	该函数可以更改共享数据结构中指定对象和属性的值。在每次迭代结束时，"writeCFDInFile"函数用于将数据结构中所做的所有更改写入新的 in.csv 文件
5	Rainspur_writeCFDInFile.m	Rainspur_writeCFDInFile（'文件名称'）	该函数将数字孪生输入数据 in.csv 文件中

数字孪生模型与 AI 控制模块的对接十分必要，这种接口的设计和实施能带来多方面的优势，可以更高效地支撑数据中心提高系统的效率、降低能源消耗、优化设备性能等仿真计算。

（1）控制与优化：AI 控制模块通过 CFD 平台的接口可以监测和控制系统中的设备。通过对 CFD 仿真的模拟结果分析，AI 控制模块可以做出智能决策，以实现系统的最佳运行状态，这有助于提高系统的整体效率和性能。

（2）能效优化：通过 CFD 平台模拟仿真数字孪生模型中热量传递、流体流动等物理过程。AI 控制模块利用这些模拟结果优化系统的能源利用效率，减少能源浪费，降低运行成本。

（3）智能决策支持：数字孪生模型为 AI 控制模块提供了详尽的信息，使其能够做出更为智能的决策。这种决策支持系统有助于应对不同的操作情境和需求，提高系统的灵活性和适应性。

总体而言，数字孪生与 AI 控制模块的接口为数据中心带来了全新的智能化和优化可能性，使系统能够更加智能、高效地运行，并在不断变化的负载需求中做出及时的响应。

6.5 本章小结

本章介绍了数据中心制冷系统数字孪生模型的建模方法，以及基于 CFD 平台的数据中心数字孪生及 AI 节能控制，以支撑数据中心节能优化分析与低碳运行。CFD 平台承载所有数据中心数字孪生设备的功耗属性，CFD 技术实现机房设备、气流等仿真计算，从而支撑 AI 控制模块实现多种设备能耗的最优控制。在基于数字孪生的 AI 控制方法中，通过数字孪生模型对未来情况进行预测，训练好的 AI 控制模块可以对优化控制策略进行分析评估，然后将指令下发到数据中心实际运行的设备中，这样可以减少现场直接操作带来的风险。

第 7 章　数据中心制冷系统能耗优化技术

　　本章结合北方某数据中心制冷系统，阐述制冷系统能耗优化技术，主要采用理论分析、现场调研、数值模拟的方法，重点从运行模式和方案配置分析的角度研究多冷水机组联合运行制冷系统的综合性能和节能提升措施。

7.1　制冷系统能耗优化方法

　　数据中心制冷系统为机房内各类 IT 设备正常运行提供适宜的温度和湿度环境，保护设备免受过热损坏。数据中心制冷方式主要包括机械制冷和自然冷却两大类，机械制冷方式包括风冷直膨系统、冷冻水系统和间接蒸发制冷，而自然冷却方式包括新风、空气板式换热器、转轮换热、蒸发冷却和液体冷却等。风冷直膨系统是最传统的冷却方法，由压缩机、冷凝器、膨胀阀和蒸发器组成。制冷剂在蒸发器中吸收热量后汽化，然后被压缩机压缩并释放热量到室外冷凝器中。这种系统结构简单、布置灵活、可靠性高，但能耗较高。冷冻水系统是在风冷直膨系统的基础上，增加冷却水循环和冷冻水循环系统，制冷剂循环与风冷直膨系统相同，但通过冷冻水循环将冷量传递给空气处理机组，再通过冷却水循环将热量释放到室外。这种系统制冷容量大，能效和稳定性高，但安装和维护较为复杂。为降低制冷系统能耗，现在数据中心一般因地制宜，根据气候条件，在一些时间段使用自然冷却方式，将多种制冷方式综合运用，以达到最大程度利用自然冷源，实现降低制冷能耗和碳排放的目的。

制冷系统能耗在数据中心总能耗中占比较高，根据气候变化、机房负载、设备状态等进行制冷系统调节与能耗优化意义重大。由于制冷系统涉及的设备数量多、连接关系复杂，运行优化难度较大。制冷系统能耗优化是一个系统工程，主要包括以下三个步骤：

（1）对数据中心进行现场调研，了解该数据中心制冷系统基本情况和各设备的连接关系，分析制冷设备运行特性、指标和存在的问题。

（2）基于制冷系统的设备配置及运行模式，模拟仿真不同的冷水机组运行方案、冷却水泵运行方案、冷冻水泵运行方案，寻找最佳运行效率和最大节能效果的备选方案。根据数据中心全年负荷特点，提出合理的冷水机组配置方案，研究在相同的运行策略下冷水机组的配置方案对系统能耗的影响。

（3）汇总分析不同负荷、不同运行策略下的能耗模拟软件模拟结果，采用人工智能决策算法对数据进行进一步筛选，选择最优的运行策略，为数据中心提供更加节能的制冷系统控制参数建议。

7.2　制冷系统运行现状

7.2.1　制冷系统运行现状调研

该数据中心一期的制冷系统主要包括冷源（包括冷水机组、冷却塔、蓄冷罐等）、输配系统（包括冷却水泵、冷冻水泵、管路、阀门等水系统）、末端设备（包括精密空调、风机盘管、新风机组等）三大部分。制冷系统各部分连接关系如图 7-1 所示。各设备型号和参数见表 7-1。

7.2.2　制冷系统存在的问题

1. 监控系统

（1）缺少流量数据。在该监控系统中缺少流量数据，实际系统中未安装流量传感器；

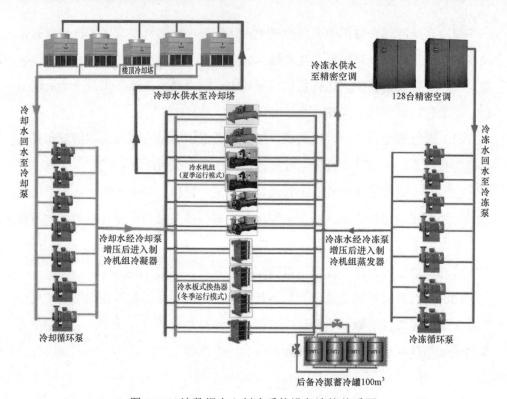

图 7-1 该数据中心制冷系统设备连接关系图

表 7-1 主要设备参数

设备类型	品牌及型号	主要参数	数量
冷水主机	约克 离心机 YKK8K3H95CUG/RO22	额定制冷量 3164kW，电功率 600kW，制冷剂 R-134a，2014 年生产	2
冷水主机	特灵 离心机 CVHG780-89Y367A	额定制冷量 2989kW，电功率 498kW，制冷剂 R-123，2010 年生产	2
冷水主机	特灵 螺杆机 RTHDE3G2G	额定制冷量 1480.6kW，电功率 248.9kW，制冷剂 R-134a，2010 年生产	2
机房冷冻泵	EBARA 250X200FS4LC590H	流量 660m³/h，扬程 34m，功率 90kW，转速 1490r/min，2014 年生产	2
机房冷冻泵	格兰富 PACO LF11-80155-158268	流量 620m³/h，扬程 34m，电功率 75kW，2010 年生产	2
机房冷冻泵	格兰富 PACO LF11-50157-158269	流量 300m³/h，扬程 34m，电功率 45kW，生产年限看不清	3
机房冷却泵	EBARA 250X200FS4LC590H	流量 780m³/h，扬程 28m，电功率 90kW，转速 1490r/min，2014 年生产	2
机房冷却泵	格兰富 PACO LF11-10153-169P69	流量 720m³/h，扬程 28m，电功率 75kW，2010 年生产	2

续表

设备类型	品牌及型号	主要参数	数量
机房冷却泵	格兰富 PACO LF11－60123－158269	流量 360m³/h，扬程看不清，电功率 37kW，2010 年生产	3
冷却塔	Evapco UT－312－436	水流量 191.67L/s，额定进水温度 37℃，出水温度 32℃，湿球温度 29.5℃，2010 年生产	2
冷却塔	Evapco UT－39－242	水流量 160L/s，额定进水温度 37℃，出水温度 32℃，湿球温度 28.5℃，2010 年生产	1
冷却塔	Evapco UT－312－636	水流量 168L/s，额定进水温度 37℃，出水温度 32℃，湿球温度 29.5℃，2014 年生产	2
板式换热器	Transter 传特 GX－145X375	换热面积 570.69m²，设计温度 80℃，设计压力 1.0MPa，2010 年生产	3
板式换热器	Accessen AC190/431/PN16/304	换热面积 643.5m²，设计温度 110℃，设计压力 1.6MPa，2014 年生产	1
精密空调	SCU 系列	制冷量 1180～1243kW，显热比 0.83～1，风量 23600m³/h	
精密空调	SCU 系列	制冷量 1950～2003kW，显热比 0.82～1，风量 38000m³/h	

（2）监控系统中传感器数据存在偏差。例如，监控系统显示冷冻水供水母管温度为 12.6℃，这个值与冷冻水回水母管温度 11.8℃矛盾，说明该位置的传感器存在误差；个别阀门实际是关闭状态，但在监控系统中显示的是开启状态；冷却塔风机冷却分管进水温度明显偏高。

（3）监控系统中制冷系数 COP 值历史数据缺失。冷水机组的 COP 反映冷水机组的运行状态，可以用于节能分析。监控系统中的冷水机组的 COP 数据无法下载。

（4）缺少机房末端空调设备能耗数据。机房建设时机房空调未配置智能电能表，无法实时监测末端空调能耗变化情况。

2. 冷源系统

冷源系统自动化水平低，阀门多为人工开启或关闭，运维人员缺乏相关调控依据；冷水机组启停方式按月份规划，3 月前后，运维人员开启大、中冷水机组；7 月前后，运维人员加载小冷水机组；10 月前后，运维人员卸载小冷水机组；12 月前后，运维人员关闭所有冷水机组，开启板式换热器；整个系统为大流量变温差，冷冻水泵、冷却水泵的运行方式均为定流量，对负荷变化的调节全靠冷水机组改变冷冻水出水温度进行调节；冷却塔的风机为定频控制，无法动态调节散热循环风量。

以上问题主要可归为三类，分别是硬件设备问题、传感器误差较大、部分历史数据缺失。对于硬件设备问题，例如部分水泵风机为定频设备，无法支持变频运行，可采用运维人员手动调节的方式进行设置；对于传感器误差较大的问题，可结合上下游参数进行等熵分析，从而推算出误差传感器的合理数值范围；对于缺失的历史数据，则可利用数字孪生模型估算缺失时间段的设备运行状态，并结合现场实测验证模拟值的准确性。

7.3　制冷系统设备优化的分析方法

7.3.1　数据中心制冷系统全年冷负荷实测分析

影响数据中心制冷系统全年逐时冷负荷的因素有很多，主要包括室内 IT 设备散热、室外天气变化等。数据中心的设备发热量会影响冷负荷，设备发热量越大，冷负荷也就越大。在夏季，由于气温升高，数据中心的冷负荷相较于冬季有明显的增加。只有全面掌握数据中心冷负荷变化，才能针对性地选择系统运行策略及冷水机组的运行策略等，以及更好地开展数据中心制冷系统的优化设计及节能性改造。

一般，数据中心制冷系统会积累大量的历史运行数据，可以根据这些数据计算数据中心全年逐时冷负荷，分析数据中心实际冷负荷变化特征，对数据中心制冷系统能效改善及运维管理有着重要的参考意义。对数据中心全年冷负荷计算，可根据冷冻水供回水流量、冷冻水供回水实测温差计算全年冷负荷，并结合数据中心机房设计温度及实测温度进行全年冷负荷修正。通过数据分析工具，按季节、月、日、时四个时间尺度分析数据中心冷负荷变化特征，然后利用能耗模拟软件对数据中心制冷系统的各子设备不同运行策略进行模拟分析。

7.3.2　冷水机组运行策略分析

当前数据中心的制冷系统设计了多台冷水机组备机，从而实现冷水机组的备份冗余。在某台冷水机组故障停机时，备机会快速介入，补足冷量输出。合理的冷水机组配置，可以使机房维持在合理的温湿度区间，确保服务器等设备安全运行。而冷水机组的不合理配置则会导致冷量供应不足，机房温度上升，或冷水机组启动过多导致能源浪费的问题。因此需要针对数据中心的不同阶段，合理地配置冷水机组启停策略。

制冷系统通常按照以下逻辑进行冷水机组启停策略配置。系统中首台冷水机组启动主要是考虑室外空气温度。给定一个设定的温度 T 以及一个温度的波动范围 ΔT，当室外温度低于 T 时，关闭冷水机组；当室外温度高于 $T+\Delta T$ 时，启动冷水机组；当室外温度在 T 和 $T+\Delta T$ 之间时，保持原来冷水机组的状态，是否继续加载冷水机组，主要的约束条件是冷冻水出水温度和冷水机组的运行电流。根据机组特性设定温度 T_o，当出水温度接近或者等于 T_o 时，说明冷水机组当前运行的启动台数能够满足数据中心所需要的冷负荷，不再增加冷水机组；当出水温度高于 T_o 时，并且已经运行的冷水机组的运行电流大于 95%，并且上述情况持续时间较长，说明目前运行中的冷水机组几乎满负荷运作，但是不能满足目前数据中心的冷负荷，此时需要启动下一台冷水机组。

是否需要减少冷水机组，主要的约束条件是冷水的出水温度，以及当前机组的负荷率。当出水温度高于或者接近 T_o 时，不应减少；当出水温度低于 T_o 时，说明已经运行的冷水机组能够满足数据中心所需的负荷，但是还应该根据目前运行冷水机组的部分负荷率来综合判断什么时候能够减少冷水机组。

目前多台冷水机组采用最为广泛的控制策略是逐台启动法和平均负载率法。

（1）逐台启动法。逐台启动法就是根据数据中心负荷的大小开启相应数量的冷水机组，当冷水机组型号均相同时，确保最多数冷水机组以 100%负荷运行。举例来说，如果开启三台冷水机组，第一台和第二台冷水机组在 100%负荷下运行，剩余的负荷由第三台冷水机组承担。如果冷水机组型号不同，那么通常根据实际情况决定机组的开启情况，一般情况下，如果小型机组能满足负荷要求，那么只打开小型机组；当小型机组无法满足数据中心负荷要求时，开启大型机组，关闭小型机组；当大型机组无法满足数据中心负荷时，同时打开两台机组冷水机组，采用大型机组满负荷运行，小型机组承担剩余的数据中心负荷。

（2）平均负载率法。平均负载率法就是根据数据中心负荷的大小开启相应数量的冷水机组，当冷水机组型号均相同时，由正在运行中的冷水机组平均分担系统负荷。当冷水机组的型号不相同时，比如有两台冷水机组一大一小，当冷负荷超过制冷量大的冷水机组的容量时，同时开启大小冷水机组，冷负荷由两台冷水机组根据本身的容量按比例分配。

7.3.3　冷冻水泵运行策略分析

1. 冷冻水泵定流量运行

在制冷系统能耗中，水泵能耗占据总能耗的五分之一左右。对于建成时间较早的数据中心，由于技术的局限性，很多空调主机只能在额定的流量下运行，这就导致只要启动空调机组，冷冻水流量、冷却水流量和冷却塔风机风量都是恒定的。但是这和实际的数据中心负荷不符，数据中心所需的负荷是一个变化的量，这必然导致了运行过程中多做无用功，造成大量的能源浪费。

2. 冷冻水泵变流量运行

冷冻水采用变流量运行技术经过长期研究已经日益完善，该项技术能够在节能效果明显的情况下稳定运行，这对中央空调冷冻水系统有着非常重要的意义。在闭环系统中，冷冻水泵变频通常采用压力或压差控制、温度或温差控制、流量控制，以及基于上述三种方式的综合控制。

（1）压力或压差控制。该控制方式需要在管段上安装压力或压差传感器，在冷冻水泵上安装变频控制器，末端空调装置安装二通阀，如电动阀、电磁阀等能够根据末端负荷的变化调节阀门的开启度。通常将压力或压差传感器安装在冷冻水分集水器之间或者离水泵最远的末端空调处，压差传感器采集供回水管中的压差传输给变频控制器，当末端空调负荷改变时，二通阀根据负荷调节流量，流量的改变引起管道中压力差的变化，变化后的压力差和设定值进行比较后，由变频控制器计算输出控制信号，从而控制冷冻水泵电动机的频率和转速。

（2）温度或温差的控制。该控制方式需要在供水或者回水管段上安装温度传感器，在冷冻水泵安装变频控制器。采用温度传感器采集供水总管或者回水总管的水温，或者采集供回水管的温度差，将采集的数据传输给控制器，并和设定值进行对比后，由变频控制器输出控制信号，控制冷冻水泵电动机的频率和转速。

（3）流量控制。该控制方式的原理是通过采集用户侧冷冻水的实际流量，将该流量和设计值进行比较后，由变频控制器输出控制信号，从而控制冷冻水泵电动机的频率和转速。仅仅考虑冷冻水的流量，该控制方式是可行的，但是为了保证每个末端空调的正常运行，还需要考虑冷冻水泵的扬程。对于管道复杂、支路繁多的空调系统，该控制方案会出现供水不足的情况。在实际工程案例中，该控制方案成功的也不多见。

（4）最小差控制。该控制方式是在最不利环路中安装压差控制器并设定最小压差，系统运行过程中始终保证该最小压差，这种控制方式比压差控制和温差控制更加节能。

7.3.4　冷却水泵运行策略分析

1. 冷却水泵定流量运行

冷却水泵定流量运行的方式是指在冷却水系统中，通过调整冷却水泵的出口阀门开度来控制冷却水的流量，以达到恒定的水流量。这种方式的优点是可以使冷却水泵在不同的负荷下工作，减少了电动机的频繁启停，从而延长了电动机的使用寿命。缺点是如果冷却水需求量发生变化，那么需要手动调整阀门开度，不够智能化。

2. 冷却水泵变流量运行

目前工程中常用的冷却水变流量的控制方式有定温差控制、冷凝温度控制和压差控制。

（1）定温差控制。定温差控制是通过设定冷却水供回水温度差恒定来调节变频控制器的频率，从而达到控制流量的作用。该控制方式需要在冷却水的供、回水总管上分别安装温度传感器，控制器收到传感器传来的温度值，并将温度差和设定值进行比较，从而控制水泵运行频率或者转速。通常设定值为 5℃，为了保证水泵的稳定运行，避免水泵发动机频繁变频，一般控制温度差在 4～6℃。为了保证冷却塔的冷却效果和冷水机组的安全运行，设定水泵电动机的变频下限，通常为 25Hz。该控制方式能适用于冷水机组部分运行状态下的冷却水流量控制，但节能效果不明显。

（2）冷凝温度控制。冷凝温度控制是通过设定冷却水出水温度为固定值来控制冷却水的流量。该控制方式需要在冷却水的出水处安装温度传感器，将测得的温度和设定值进行对比，如果测定值低于设定值，在能够保证冷水机组安全运行的最小流量下，尽可能降低电动机的频率，减少水泵流量，实现冷却水泵的节能运行。在部分负荷下，冷却水泵的能耗比例增大，冷却水泵的节能效果凸显。在冷却水系统中，冷却水的温度没有相对严格的限制要求，它不同于冷冻水需要承担室内除湿，满足室内舒适性，所以，冷却水冷凝温度控制法冷却水的温差变化大，流量调节范围大，水泵节能效果优于冷凝温差控制。

（3）压差控制。压差控制主要有供、回水干管恒压差控制和最不利环路恒压差控制两种。前者采用供、回水干管安装压力传感器，测定差值和设定值比较的方法控制水泵频率或者转速。后者通过限定最不利环路最小压差的方法调节水泵频率或转速，两者比较，后者更加节能，因为最小压差较小，水泵流量能够调节的范围更大。

7.3.5   冷却塔运行策略分析

冷却塔的运行控制主要分为风机运行控制、水泵运行控制、喷淋系统运行控制。冷却塔的风机运行控制是指通过温度传感器检测冷却塔出水温度，自动调节风机转速，以达到最佳节能效果；冷却塔的水泵运行控制是指通过水位传感器检测水池水位，自动调节水泵的启停和运行台数，以达到最佳节能效果；冷却塔的喷淋系统运行控制是指通过温度传感器检测喷淋水管出口温度，自动调节喷淋水量和喷淋时间，以达到最佳节能效果。

7.4   建立数据中心制冷系统数字孪生模型

7.4.1   数据中心负荷输入

根据室外天气参数、冷冻水供回水温度、主机负载率等参数绘制数据中心全年逐时负荷，如图 7-2 所示。图中灰色线代表数据中心全年逐时冷负荷变化，其中，夏季负荷为 5000～5300kW，冬季为 4250～4500kW；黑色线为基于线性公式拟合的全年数据中心冷负荷变化趋势线，该趋势线反映出数据中心冷负荷

变化全年基本稳定。这些曲线与数据中心中 IT 设备负载为主要的散热源且 IT
设备全年不间断运行的情况相吻合，表明所计算出的全年逐时冷负荷可用于之
后的模拟仿真。

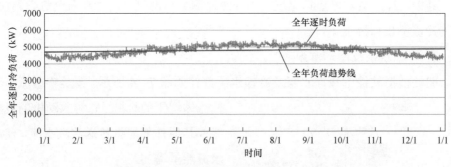

图7-2　该数据中心全年逐时负荷输入

7.4.2　数据中心制冷系统建模原理

本书以夏季模型为例对数据中心制冷系统建模进行介绍，数据中心夏季制
冷系统主要由冷水机组、冷冻水泵、冷却水泵、冷却塔构成，下面简单介绍其
建模仿真原理。

1. 冷水机组

能耗模拟软件中冷水机组部件如图7-3所示。电动冷水机组是一个系统级
部件，用于模拟蒸汽压缩式热泵/制冷系统的整体计算。蒸发侧和冷凝侧的进出
口介质可以是水-水、空气-水、空气-空气等形式。

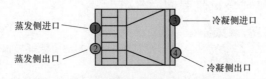

图7-3　能耗模拟软件中冷水机组部件

电动冷水机组内部的热力学过程是蒸汽压缩蒸发或热泵过程，其中介质运
行一个如下循环：蒸发（从低温的热源吸收热量，并将热源/蒸发侧从 T_1 冷却到
T_2）→压缩到更高的压力水平→冷凝（在高温释放热量，并将热源/冷凝侧从 T_3
加热到 T_4）→节流到较低的压力水平（这会降低蒸发温度）。电动压缩式冷水机

组由一台或多台热泵机组组成，其性能通常以性能系数（COP）为特征。COP可以表示冷侧负荷与电能的比率（制冷COP）或热侧负荷与电能的比率（制热COP）。如果此类性能特征可用，那么无须详细模拟内部热泵循环。

其中，T_1 为蒸发侧进口温度，T_2 为蒸发侧出口温度，T_3 为冷凝侧进口温度，T_4 为冷凝侧出口温度。

2. 冷冻水泵及冷却水泵

能耗模拟软件中冷冻水泵及冷却水泵部件如图 7-4 所示。泵是输送流体或使流体增压的机械。它将原动机的机械能或其他外部能量传送给汽水流，使汽水流能量增加。

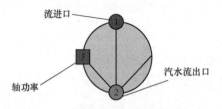

图 7-4　能耗模拟软件中冷冻水泵及冷却水泵部件

水泵性能参数有两种设置方法：

（1）水泵设置额定参数，此时需给定水泵额定流量 VM_N 及水泵额定扬程。

（2）水泵设置流量-扬程曲线，此时需要给定流量-扬程曲线，来确定水泵性能。

3. 冷却塔

能耗模拟软件中冷却塔部件如图 7-5 所示。冷却塔的作用是通过热、质交换将高温冷却水的热量散入大气，从而降低冷却水的温度。与自然通风冷却塔相比，冷却塔是利用抽风机或鼓风机强制空气流动，它的冷却效率高、稳定。

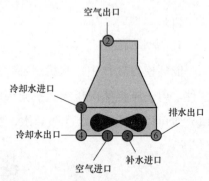

图 7-5　能耗模拟软件中冷却塔部件

冷却塔有两种运行模式：

（1）循环模式：冷却水进出口流量相等；湿空气在冷却水的过程中吸收的水蒸气由补水补充。

（2）排放模式：排放模式下补水为 0；湿空气在冷却水的过程中吸收的水蒸气由冷却水补充。

冷却塔运行过程中会有蒸汽损失，在界面上需给定损失比例。空气进口质量减去湿空气中水蒸气的变化，再减去蒸汽损失，就是空气出口的质量。

7.4.3　建立制冷系统模型

使用能耗模拟软件建立的夏季制冷系统模型，主要包括冷水机组建模、冷冻水泵建模、冷却水泵建模、冷却塔部分建模以及数据中心负荷输入部分，如图 7-6 所示。

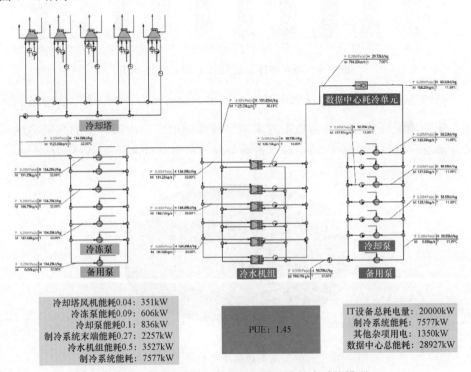

图 7-6　基于能耗模拟软件的夏季制冷系统模型

7.4.4　制冷系统对数据中心 PUE 的影响分析

数据中心的耗能部分主要包括 IT 设备、制冷系统、供配电系统、照明系统及其他设施。IT 能耗占比最大，达到 45% 以上，主要由服务器、存储设备，以及网络通信设备组成。空调系统仍然是数据中心提高能源效率的重点环节，它所产生的能耗可占数据中心总能耗的 40% 以上。

在数据中心能耗组成中，制冷系统的能耗占比是数据中心的 PUE 是否能降低到合理水平的关键因素之一。当制冷系统对应的能耗占比分别为 38%、33%、22%、12% 时，对应的 PUE 可以分别降至 2、1.7、1.4、1.2，如图 7-7 所示。

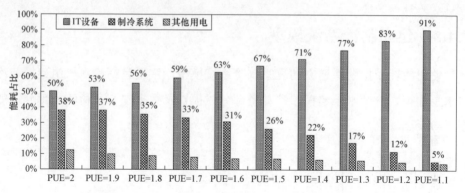

图 7-7   不同制冷系统能耗占比对应的 PUE

如图 7-8 所示为模拟典型工况下数据中心制冷系统能耗占比。数据中心冷却系统的输配环节主要负责将室内末端空调收集的机房内部产生的热量输送至冷源设备，并进一步向室外大气、自然水体，以及热回收用户输送的任务。

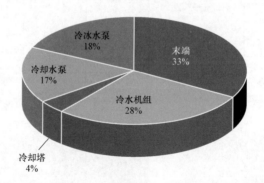

图 7-8   典型工况下数据中心制冷系统能耗占比

数据中心室内末端空调和输配系统需要与 IT 设备一起全年不间断运行，在冷却系统能耗中的占比也越来越高，这与多种因素有关，如合理的气流组织、先进的冷却技术等。本节主要进行冷冻水泵、冷却水泵及冷水机组三种关键设备的仿真优化。

7.4.5   冷冻水泵定流量与变流量的对比分析

本小节主要进行一次泵定流量系统和一次泵变流量系统的对比分析。

一次泵定流量系统中，冷水机组的蒸发器侧冷冻水流量不变，冷冻水泵采用定流量泵。制冷系统处于大流量小温差的状态下运行，水泵不节能。

一次泵变流量系统中，冷水机组的蒸发器侧冷冻水为变流量，冷冻水泵采用变流量泵。蒸发器侧冷冻水流量变小，将导致冷冻水泵能耗降低。

　　如图 7-9～图 7-11 所示，本小节利用制冷系统的一维能耗模型模拟了夏季时，不同 IT 设备负载率情况下冷冻水泵定流量与变流量的冷水机组能耗及制

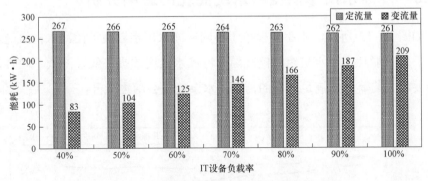

图 7-9　定流量与变流量下冷冻水泵能耗对比

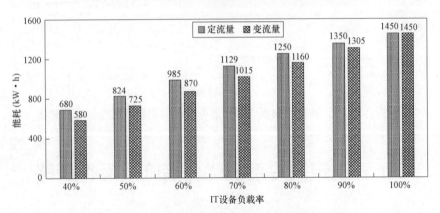

图 7-10　定流量与变流量下冷水机组能耗对比

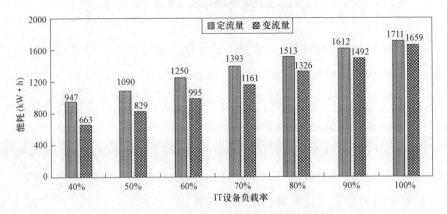

图 7-11　定流量与变流量下总能耗对比

冷系统总能耗，可以看出相比于定流量运行，水泵的变流量运行状态下制冷系统更加节能，特别是在低负载率的状态下，变流量水泵的节能优势更大。

7.4.6 冷冻水出水温度对系统能耗的影响分析

如图 7-12 所示，本小节模拟了不同冷冻水出水温度下的冷水机组能耗及制冷系统总能耗。冷水机组的能耗随着冷冻水温度的提高线性降低。同时，由于需要较大的流量来满足末端的需求，水泵能耗会随之上升。

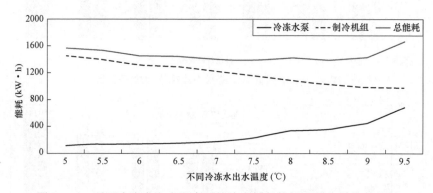

图 7-12   不同冷冻水出水温度下的冷水机组能耗及制冷系统总能耗

7.5 制定制冷系统优化措施及运行策略

7.5.1 基于数字孪生模型制定制冷系统优化措施

基于数字孪生模型模拟分析结果，结合现场实际情况，针对可改善的主要问题，形成备选优化措施建议如下：

（1）适当提高冷冻水供水温度，具体措施：在冷水机组中设置 6 台冷水机组的冷冻水出水温度提高 0.5~1℃。

（2）降低冷却水回水温度，进而降低冷水机组内冷凝器温度。这方面主要取决于室外天气和相对温度，因此可行的具体措施从增强换热角度入手：

1）冷却塔部分调大风机风速，增加换热。

2）增加冷却塔开启数量。

（3）加大冷却水量，降低冷水机组内冷凝器温度。

（4）冷冻水泵：目前系统采用定流量一级泵，由运维人员设置冷却水泵的频率 50Hz；具体改造措施：采用压力或压差控制、温度或温差控制、流量控制，以及基于上述三种方式的综合控制。

（5）冷却水泵：目前系统采用定流量一级泵，由运维人员设置冷却水泵的频率 50Hz，可改为变流量一级泵，具体改造措施如下：

1）定温差控制，该控制方式需要在冷却水的供回水总管上分别安装温度传感器，控制器收到传感器传来的温度值，并将温度差和设定值进行比较，从而控制水泵运行频率或者转速。

2）冷凝温度控制，该控制方式需要在冷却水的出水处安装温度传感器，将测得的温度和设定值进行对比，如果测定值低于设定值，那么在能够保证冷水机组安全运行的最小流量下，尽可能降低电动机的频率，减少水泵流量，实现冷却水泵的节能运行。

3）压差控制，压差控制主要有供、回水干管恒压差控制和最不利环路恒压差控制两种。前者采用供、回水干管安装压力传感器，测定差值和设定值比较的方法控制水泵频率或者转速。后者通过限定最不利环路最小压差的方法调节水泵频率或转速，两者比较，后者更加节能，因为最小压差较小，水泵流量能够调节的范围更大。

（6）冷却塔：冷却塔尽量全开，冷却塔的风机转速比控制在 80%～100%，目的是增强冷却水与空气换热效果，降低冷却水回水温度，进而降低冷水机组能耗。

现状为冷却塔 3 台开启，风机转速为 80%，建议开启 4 台冷却塔，风机转速比控制在 80%～100%。开启一段时间后如果系统可以稳定运行，那么考虑开启 5 台冷却塔，风机转速比控制在 80%～100%。最后统计不同冷却塔开启数量下的能耗情况，判断节能优化策略可行性。

确定以上备选优化措施后，需确定具体的优化参数，以及预期的优化效果。由于需要调整的变量较多，排列组合后的工况组合数量较为庞大，难以通过人工的方式快速筛选。因此，本书利用 AI 技术进行优化。

7.5.2   利用 AI 技术制定数据中心制冷系统运行策略

优化措施选择属于组合优化问题。决策树算法有着高度可解释性，便于对寻优结果进行人工核验；需要很少的数据预处理，延迟低，可达到接近实时决策的水平；支持完全离线化决策等优点。因此，本节将现场实测结果与数字孪生模型对各工况下运行参数的模拟结果整合作为数据集，采用决策树算法为数据中心制定制冷系统最优化的运行策略，从而实现系统节能运行。

决策树算法是一种有监督学习算法，利用分类的思想，根据数据的特征构建数学模型，从而达到数据的筛选、决策的目标。决策树算法最早产生于 20 世纪 60 年代到 70 年代末。由 J Ross Quinlan 提出了 ID3 算法，此算法的目的在于减少树的深度，但是却忽略了对叶子数目的研究。C4.5 算法是在 ID3 算法的基础上进行了改进，对于预测变量的缺值处理、剪枝技术、派生规则等方面做了较大改进，既适用于分类问题，又适用于回归问题。

决策树模型是基于已知数据，以学习目标（降低各划分节点的误差率）为指导，启发式地选择特征去划分特征空间，以各划分的叶子节点做出较"优"的决策结果。所以，决策树模型有非常强的非线性能力，但是，由于是基于划分的局部样本做决策，过深（划分很多次）的树，局部样本的统计信息可能失准，容易过拟合。

本节汇总制冷系统能耗模拟软件仿真结果，以数据中心制冷系统中冷水机组 COP 及能耗、数据中心 PUE 为目标变量，以 IT 负载、室外天气、冷水机组开启状况、冷冻水进出水温度、冷却水进出水温度、冷冻水泵开启状态、冷却水泵开启状态、冷却塔运行状态等为特征变量，采用决策树算法，选择数据中心制冷系统运行策略，形成类似图 7-13 的制冷系统运行策略决策建议。

同时，通过对现场设备的分析确定设备运行合理参数范围，删除不合理的控制策略，对决策树进行有效"剪枝"。使得决策算法运行时的无效策略数量大大降低，使决策判断更加合理，决策速度更快速。

对该数据中心进行了优化仿真验证，优化措施：

（1）冷水机组供水温度提高 2℃。

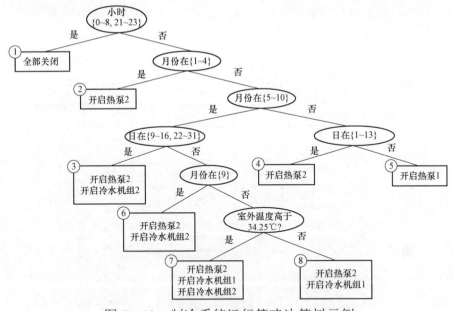

图 7-13　制冷系统运行策略决策树示例

（2）冷冻水泵频率上调 1Hz。

（3）冷却塔循环风量上调 10%。

（4）优化末端机房气流组织，使末端空调平均风量下调 20%，送风温度提高 3℃。

优化前后设备的运行状态与 PUE 值如图 7-14 所示，由于冷却塔循环风量调高，对应的冷却塔能耗略有增加，同时测试时也对机房进行了一系列优化，其中比较典型的措施是通过优化机房内的气流组织，消除掉了机房内的局部热点，使得末端空调以更低的风量和更高的送风温度运行，有效降低了末端空调能耗。同时末端送风温度的提升也使提高冷冻水供水温度变得更加安全，随着冷冻水温度的提高，冷水机组能耗较之前有着明显的降低。

基于以上仿真计算结果，对该数据中心制冷系统能耗优化进行验证实施，达到了预期目标，效果良好，系统运行稳定，后续将持续进行优化调整。

本节提出的方法，适用于各类数据中心的节能研究。能耗模拟仿真软件中包含的冷水机组、冷却塔、水泵、板式换热器等对象模块全部实现了参数可动态调整，本软件工具已经整合到第 8 章中介绍的绿色数据中心低碳运行平台，可以用于其他数据中心的制冷系统能耗模拟与 PUE 值仿真计算。

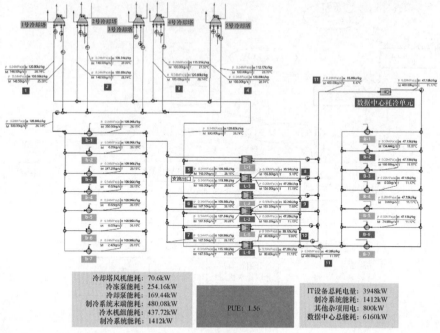

| 冷却塔风机能耗：70.6kW |
| 冷冻泵能耗：254.16kW |
| 冷却泵能耗：169.44kW |
| 制冷系统末端能耗：480.08kW |
| 冷水机组能耗：437.72kW |
| 制冷系统能耗：1412kW |

PUE：1.56

| IT设备总耗电量：3948kW |
| 制冷系统能耗：1412kW |
| 其他杂项用电：800kW |
| 数据中心总能耗：6160kW |

(a) 优化前各设备能耗与PUE

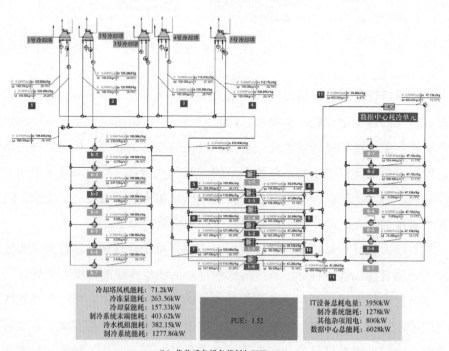

| 冷却塔风机能耗：71.2kW |
| 冷冻泵能耗：263.56kW |
| 冷却泵能耗：157.33kW |
| 制冷系统末端能耗：403.62kW |
| 冷水机组能耗：382.15kW |
| 制冷系统能耗：1277.86kW |

PUE：1.52

| IT设备总耗电量：3950kW |
| 制冷系统能耗：1278kW |
| 其他杂项用电：800kW |
| 数据中心总能耗：6028kW |

(b) 优化后各设备能耗与PUE

图 7-14　优化前后对比图

7.6　本　章　小　结

本章介绍了数据中心制冷系统能耗优化方法及实践。以北方某数据中心作为优化测试对象，通过现场情况调研、优化理论分析、数据中心数字孪生建模、基于数字孪生和 AI 控制技术选择节能优化策略、实施优化与效果验证以上五个阶段的实践，对数据中心制冷系统能耗进行了优化，有效降低了数据中心制冷能耗。

第8章 绿色数据中心低碳运行管理平台及实践

本章主要介绍绿色数据中心低碳运行管理平台及实践，通过数据中心能耗的全方位监控分析、人工智能和数字孪生建模、运行仿真分析、优化控制等技术手段，提高数据中心能耗精细化管理能力，开展数据中心低碳运行优化实践，降低数据中心能耗和碳排放。

8.1 数据指标体系

为了对数据中心碳排放量和能耗进行准确、全面的计算和分析，针对现有数据中心的具体技术现状，在设计阶段，将相关数据指标分为七类，从而形成了一个数据中心能耗相关的数据指标体系。

需要说明的是，这些指标既包括通过数据中心监控系统或采集脚本直接获取得到的原始监控指标，如服务器温度、运行的水泵数目等；也包括利用这些原始指标计算而来的评价指标，如 PUE 等。为了方便内容组织，在本节对指标体系进行统一阐述。

1. 综合指标

综合指标用于对数据中心能效和碳排放进行整体和全局评价，除了数据中心总碳排放量、总能耗等指标外，还包括下列指标，如表 8-1 所示。

2. 水冷制冷系统指标

水冷型制冷系统主要有末端空调、水泵、管路、冷水机组、板式换热器、冷却塔等设备。针对这些设备的属性，设计了相应的指标项，如表 8-2 所示。

表 8-1　　　　　　　　　　综　合　指　标

指标项	含义
PUE	电能利用效率，数据中心总能耗与 IT 设备能耗的比值
DCIE	数据中心基础设施效率，测量数据中心内 IT 设备实际消耗的功率百分比
RER	可再生能源利用率，用于衡量数据中心利用可再生能源的情况
CUE	碳利用效率，评估数据中心总温室气体排放量及 IT 设备能耗
WUE	水利用效率，度量数据中心现场用水效率
ERE	能源再利用效率，计算数据中心内不可再生能源能耗与 IT 设备能耗比值

表 8-2　　　　　　　　　水　冷　制　冷　系　统　指　标

指标项	含义
水泵、冷却塔、冷水机组、末端空调等主要部件的功率	水冷系统中每个水泵、冷却塔、冷水机组、末端空调等主要部件的功率，主要由功率计测量
水泵、冷却塔、冷水机组等主要部件的用电量	水冷系统中每个水泵、冷却塔、冷水机组、末端空调等主要部件的用电量，可以通过读取电能表获得
末端空调设置的温度	末端空调设置的温度，可自行设定
末端空调送风温度	末端空调送风口送风的温度，由温度传感器测量
末端空调回风温度	末端空调出风口出风的温度，由温度传感器测量
末端空调送风空气流速	末端空调出风口出风的流速，由空气流量传感器测量
总的离心泵数目	水冷系统中总的离心泵的数目
运行的离心泵数目	水冷系统中正在运行的离心泵数目
平均离心泵变频器速度	所有离心泵变频器速度的平均值
总的冷凝水泵数目	水冷系统中总的冷凝水泵的数目
运行的冷凝水泵数目	水冷系统中正在运行的冷凝水泵数目
平均冷凝水泵变频器速度	所有冷凝水泵变频器速度的平均值
总的冷却塔数目	水冷系统中总的冷却塔的数目
运行的冷却塔数目	水冷系统中正在运行的冷却塔数目
平均冷却塔进水温度	水冷系统中冷却塔进水温度的平均值
平均冷却塔出水温度	水冷系统中冷却塔出水温度的平均值
总的冷水机组数目	水冷系统中总的冷水机组的数目
运行的冷水机组数目	水冷系统中正在运行的冷水机组数目

指标项	含义
总的冷水注水泵数目	水冷系统中总的冷水注水泵的数目
运行的冷水注水泵数目	水冷系统中正在运行的冷水注水泵数目
平均注水泵设置温度	水冷系统中注水泵设置温度的平均值

3. 风冷制冷系统指标

风冷制冷系统在中小型数据中心应用广泛，具有成本低、安装维护简单等优点，但这种制冷方式需要大量空气流动进行散热，导致能效较低。风冷制冷系统通常包括蒸发器、压缩机、冷凝器、节流器等主要组件。风冷制冷系统设计的指标如表 8-3 所示。

表 8-3　　　　　　　　　　风 冷 制 冷 系 统 指 标

指标项	含义
回风温度	空调回风口处空气温度，由温湿度传感器测得
回风湿度	空调回风口处空气湿度，由温湿度传感器测得
送风温度	空调出风口出风的温度，由温湿度传感器测得
送风湿度	空调出风口出风的湿度，由温湿度传感器测得
送风空气流速	空调出风口出风的流速，由空气流量传感器测得
CRAC 功率	CRAC（计算机机房空调），用于从数据中心转移出大量热量，并将大量冷空气送回数据中心，其功率可由功率计测得
压缩机功率	压缩机是一种将低压气体提升为高压气体的从动的流体机械，其功率可由功率计测得
蒸发器风机功率	将低温的冷凝液体通过蒸发器，与外界的空气进行热交换，汽化吸热，达到制冷的效果，其功率可由功率计测得
冷凝器风机功率	冷凝器把气体或蒸汽转变成液体，将管子中的热量传到管子附近的空气中，其功率可由功率计测得
送风温度设定值	空调送风温度的设定值，可自行设定
送风湿度设定值	空调送风湿度的设定值，可自行设定
送风空气流速设定值	空调送风空气流速的设定值，可自行设定

4. IT 系统指标

IT 设备包括数据中心的计算、存储、网络等不同类型的设备，用于承载在数据中心中运行的应用系统，并为用户提供信息处理和存储、网络通信等服务。

IT 系统的碳排放量和能效对整个数据中心有着至关重要的影响。平台采集的 IT 系统的指标如表 8-4 所示。

表 8-4　　　　　　　　　　　　　　　IT 系 统 指 标

指标项	含义
CPU 频率	计算机 CPU 的主频（主频=外频×倍频），可以理解为 CPU 的时钟的震荡频率
CPU 利用率	运行的程序占用的 CPU 资源，表示服务器在某个时间点的运行程序的情况
CPU 功率	CPU 的重要物理参数，CPU 功率等于流经处理器核心的电流值与该处理器上的核心电压值的乘积
CPU 温度	CPU 温度过高会降低运行速度，直至死机，如果长时间保持温度过高导致 CPU 烧坏
设备功率	服务器在实际用电过程中单位时间内所消耗的能量
进风口温度	设备进风口处的温度
出风口温度	设备出风口处的温度
设备开关机状态	设备开机状态或是关机状态
设备额定功率	设备能够长时间稳定运行的功率值

5. 动力配电系统指标

动力配电系统的稳定持续运行是数据中心提供高质量服务的前提和基础。准确测量各个支路的电流、电压、功率等指标，有助于数据中心碳足迹的精准分析和优化。数据中心动力配电系统指标如表 8-5 所示。

表 8-5　　　　　　　　　　　　　动 力 配 电 系 统 指 标

所属系统	指标项	含义
UPS	输入功率	UPS 输入功率，UPS 将蓄电池与主机相连接，通过主机逆变器模块将直流电转变为交流电
	输出功率	UPS 输出功率
	用电量	UPS 工作所耗电量
低压配电	输入功率	低压配电输入功率
	输出功率	低压配电输出功率
	AB 线电压	A 相线与 B 相线之间的电压
	AC 线电压	A 相线与 C 相线之间的电压
	BC 线电压	B 相线与 C 相线之间的电压
	A 相相电压	A 相线与中性线之间的电压

所属系统	指标项	含义
低压配电	B 相相电压	B 相线与中性线之间的电压
	C 相相电压	C 相线与中性线之间的电压
	A 相相电流	流过 A 相线的电流
	B 相相电流	流过 B 相线的电流
	C 相相电流	流过 C 相线的电流
	A 相有功功率	A 相相电压乘以相电流，再乘以其功率因数，就得到 A 相有功功率
	B 相有功功率	B 相相电压乘以相电流，再乘以其功率因数，就得到 B 相有功功率
	C 相有功功率	C 相相电压乘以相电流，再乘以其功率因数，就得到 C 相有功功率
	功率因数	衡量电气设备效率高低的一个系数
	频率	电压频率，我国交流电频率为 50Hz
	输出分路正向有功电能	输出分路传输的实际利用的电能
	输出分路正向无功电能	输出分路传输的维持设备运转，但并不消耗的电能

6. 环境指标

机房环境和外部环境与制冷系统的运行状态和设置具有直接关联。根据环境变化及时调整相关设置，才能使制冷系统运行在较优的状态，实现数据中心能效和碳排放的优化。环境指标如表 8−6 所示。

表 8−6   环 境 指 标

所属系统	指标项	含义
机房环境	温度	机房内每个温度传感器测得的温度
	湿度	机房内每个湿度传感器测得的湿度
	冷通道温度	机房内空调出风温度，散出于冷通道，需要控制冷通道温度处于安全边界之内
	热通道温度	机房内空调回风温度，来自热通道，需要控制热通道温度处于安全边界之内
外部环境	温度	室外环境温度
	湿度	室外环境湿度
	风速	室外环境风速

7. 其他指标

除 IT 系统、制冷系统和动力配电系统外，数据中心还具有一些辅助子系统，如照明、安保、办公等。这些系统的能耗和碳排放在整个数据中心较小，出于准确和完整性考虑，本平台对相关指标也进行了采集，如表 8-7 所示。

表 8-7　　　　　　　　　　　　　其 他 指 标

指标项	含义
数据中心总能耗	数据中心各种用能设备消耗的能源总和，包含 IT 设备、制冷设备、配电设备、照明设备等的能耗
IT 设备总能耗	数据中心服务器、交换机等 IT 设备消耗的能源总和
制冷设备总能耗	数据中心空调等制冷设备消耗的能源总和
配电设备总能耗	数据中心 PDU 等配电设备消耗的能源总和
照明设备总能耗	数据中心电灯等照明设备消耗的能源总和
安保设备总能耗	数据中心安保子系统各设备消耗的能源总和
办公设备总能耗	数据中心办公设备消耗的能源总和
UPS 损耗	UPS 损耗与自身损耗和负载有关，其中自身损耗是常量，而负载的损耗是变量，取决于用电设备的耗电量
机柜 PDU 损耗	可通过 IT 负载直接计算出 PDU 的损耗

8.2　平台整体架构

绿色数据中心低碳运行管理平台是数据中心能源智能管理的大脑，融合集成了数据中心能耗和碳排放监测、算力调度管理、制冷系统优化、人工智能建模与数字孪生仿真等功能，平台整体架构如图 8-1 所示。

该平台以保障设备安全和业务服务质量为前提，通过新能源发电、机器学习和数字孪生等技术手段的赋能，集成数据中心现有云平台和动力环境监控系统提供的接口与扩展机制，实时感知数据中心各类设备的能耗、性能、状态等多种信息，并进行细粒度的能效与碳排放指标的评估计算。在数据孪生模型的辅助下，实现物理数据中心精准仿真，并通过机器学习、数据挖掘等技术，分析诊断能效与碳排放相关问题及改进潜力。最后，综合运用 IT 设备功率控制、算力管理、新能源消纳、任务调度和设备调节等手段，完成数据中心能耗和碳排放的整体优化。

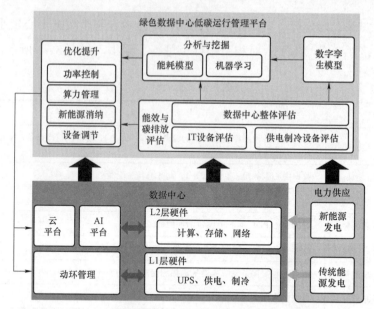

图 8-1　绿色数据中心低碳运行管理平台架构

平台遵循模块化软件设计思想，该平台分为五个子系统：监测建模、评估分析、优化执行、综合管理和可视化界面。每个子系统由多个功能模块组成，如图 8-2 所示。

监测建模子系统支持多数据中心的精准数字孪生建模，实现数据中心、机房、机柜、设备（IT 设备和供电、制冷设备）等多层次数字化模型；由于数据中心结构和设备差异性大，系统采用了可扩展插件式设计，适配多种监控系统或数据协议，实现多个数据中心的监测数据统一采集、汇聚、监测、管理。

分析决策子系统实现监测数据的深入分析、挖掘，为数据中心能耗优化决策提供支撑与依据。构建了评估、分析、建模、决策完整流程链条，形成了可共享、可复制、可迁移的能效知识库和规则库。通过对能耗相关数据的融合分析，实现数据中心能效智能化、一体化融合分析，定位关键能效问题，助力 PUE 等核心指标提升。

优化执行子系统能够为数据中心管理或运维人员提供辅助决策建议，可设置为自动执行或人工确认执行。为了降低对业务应用的侵入和干扰，采用了带外管理设计，能够支持服务器、供电、制冷等重点设备的精细化调节与优化。物理模型与人工智能模型相结合，基础理论与数据驱动相结合，从而达到缩短

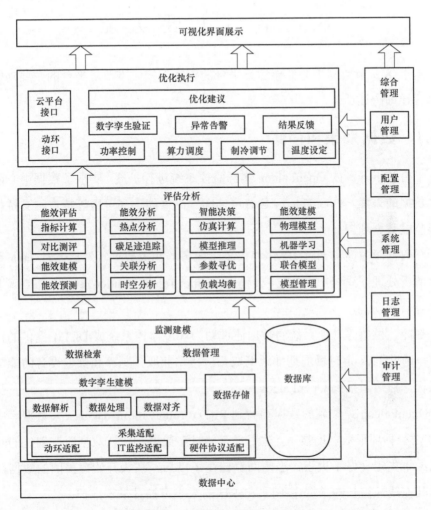

图 8 - 2　绿色数据中心低碳运行管理平台功能模块层次结构

决策产生时间、提升优化效果的目的。同时通过沙箱测试、仿真验证等方式，确保优化措施的安全性，杜绝对设备及业务稳定性的影响。

　　综合管理子系统实现了用户管理、配置管理、系统管理、日志管理和审计管理等功能，用户可以通过这些功能完成对平台的设置，使用户可以更加方便、高效地使用平台。

　　可视化界面为用户提供了友好的 Web 界面，各个功能模块均通过可视化界面子系统提供用户接口。

8.3　平台主要功能

基于 8.2 节数据中心低碳运行平台的整体架构，本节对平台的主要功能模块进行详细阐述。

8.3.1　数据采集和存储

平台基于开源的 OpenFalcon 集群监控系统进行扩展，实现了数据中心能耗相关数据的采集。OpenFalcon 具有可伸缩、高性能、高可用等特点，支持按需扩展监控数据项。

在数据源方面，通过 IPMI 协议采集服务器相关数据，然后通过 Java 程序进行解析处理，系统中 IPMI 主要使用到 Inlet Temp、Outlet Temp、CPU 温度、功率等信息项。

制冷、供电等其他系统的数据通过动力环境监控系统或 DCIM 提供的接口获取，通过 Java 定时器周期性地调取相应接口获取到制冷和供电设备的能耗相关指标，然后上报到 OpenFalcon。

OpenFalcon 采集到的数据存储到 RRD（round robin database）数据库中。RRD 是一种环形数据库技术，适用于存储时序数据。RRD 数据库在创建的时候就已经事先定义好了大小，当空间存储满了以后，从头开始覆盖旧的数据，所以和其他线性增长的数据库不同，RRD 的大小可控且易于维护。

除原始监控数据外，平台其他数据通过 MySQL 数据库进行存储管理，主要包括设备台账数据、分析计算相关数据和能耗相关告警信息等。下面以台账数据表为例，具体展开相关设计。

首先，为每一台设备定义了一个唯一的 endpoint_name 与 OpenFalcon 中的 key 进行对应，方便去 OpenFalcon 获取对应数据。

设备数据字段定义如表 8-8 所示。

type 为设备类型，目前分为数据中心、机房、机柜、供电、服务器这几种类型。

表 8-8 设备数据字段定义

字段	类型	长度	说明
id	bigint	20	自增 id
parent_id	bigint	20	父 id，一级节点父 id 是 0
pids	varchar	500	父 ids
name	varchar	100	名称
endpoint_name	varchar	255	Openfalcon endpoint hostname
type	tinyint	4	设备类型：1 数据中心；2 机房；3 机柜；4 供电；5 服务器
ip	varchar	20	ip 地址
sort	decimal	10	排序
limit_power	double	255	额定功率
limit_temperature	double	255	额定温度
deviceID	varchar	255	设备 ID
server_state	bigint	8	服务器的状态，1 是开启，0 是未开启
model	varchar	128	型号
firm	varchar	128	厂商
remark	varchar	255	描述
layout_scope	varchar	255	范围
weight	double	255	重量
position	varchar	128	位置
size	int	11	尺寸（1U、2U、3U）

ip、deviceID、server_state、model、firm、weight、size 为这几种设备的特定数据，可能其中部分属性只在特定设备类型上有效，如 ip 只在服务器上生效，这些都在界面逻辑上有体现。

limit_power、limit_temperature 为机柜、服务器特定属性，用于告警功能使用。

sort、layout_scope、position 为机房布局属性。

remark 为设备描述，方便管理员对设备进行备注。

8.3.2　能耗数据分析计算

1. 功率计算

系统采集到 IT 设备、制冷设备、UPS 和照明设备等单个设备的功率后，通过累加，即可得到数据中心各子系统、机房，以及整个数据中心的功率。计算方式如图 8-3 所示。

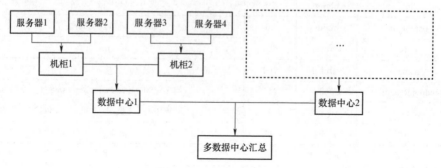

图 8-3   功率计算方式

但是实际的机房场景中，设备的功率还是要通过动力环境监控系统来获取，因为通过 IPMI 接口，只能获取 IT 设备的功率，无法获取到除了 IT 设备外其他设备（制冷、供电设备、照明）的功率。

2. 能耗和碳排放计算

由单个设备的功率 P 可计算该设备在一个采集周期 d 内的能耗 $E = P \times d$，将多个采集周期的能耗累加，即可得到一个时间段内的总能耗。数据中心的能耗可由各设备的能耗累加获得。

系统可由管理员设置碳排放因子 f，并计算能耗对应的碳排放值 $C = E \times f$。

3. PUE 计算

PUE 是反映数据中心能源使用效率的重要指标，定义为数据中心总能耗与 IT 设备能耗的比值。系统支持天、周、月、年等不同时间周期的 PUE 计算，以及以机房为单位的 pPUE 计算，可由系统管理员根据实际情况选择使用，为能效的分析计算和评估提供了强大的支持。

8.3.3   服务器功率控制

为了能够对违反功率约束的服务器执行有效的功率控制，本书根据第 4 章的研究内容，设计并实现了服务器功率控制模块。该模块由功率控制代理和控制器两部分组成。

功率控制代理部署在每台服务器上，与控制器之间通过 Thrift 进行通信，接收控制器产生的决策。功率封顶与解封基于英特尔 RAPL 接口实现。对于多路服务器，系统按照 CPU 的实时功率将该服务器的目标功率分配到每个CPU 上。

　　一个控制器实例对应一个机柜，根据管理员预设的功率阈值判断是否要进行功率封顶或功率解封动作。当需要进行功率封顶时，控制器根据各服务器的功率数据和静态配置信息，调用功率控制策略，得到每台服务器应该采取的动作，然后通过 Thrift 接口将具体动作传递给对应的功率控制代理；当需要取消功率封顶时，同样通过 Thrift 接口向功率控制代理传递指令，并由功率控制代理负责指令执行。该模块的流程如图 8-4 所示。

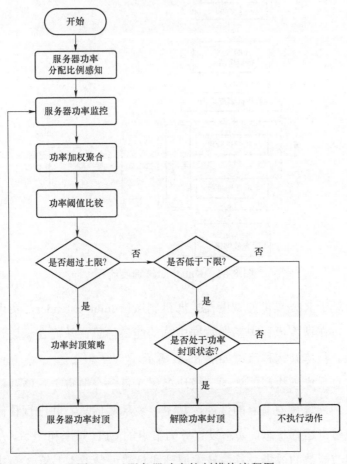

图 8-4　服务器功率控制模块流程图

8.3.4   能效感知的算力调度

调度器是 K8s 集群中的核心组件之一，主要负责决定将容器化应用程序的工作负载部署到哪个集群节点上，其工作原理如图 8−5 所示。用户提交作业后，K8s 创建 pod 并放入待调度队列。调度器组件会对该队列进行遍历，每一个 pod 都需要经过 K8s 预选阶段和优选阶段，匹配到合适的节点。预选阶段根据 pod 对资源的需求和节点的资源状态进行筛选，去除不符合 pod 运行条件的节点；剩下的节点在优选阶段根据调度算法进行打分，选择最合适的节点，完成 pod 调度。

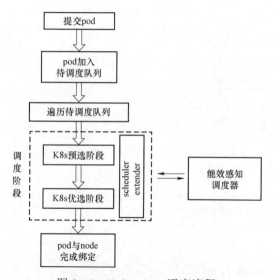

图 8−5   Kubernetes 调度流程

本平台基于 K8s 提供的调度器扩展机制 scheduler extender，实现了 K8s 调度器扩展，可在调度流程中感知数据中心的能效信息，从而在调度过程中兼顾性能与能效。具体架构和流程如图 8−6 所示。

能效信息采集模块和能效调节模块部署在每一个节点上。能效信息采集模块实时监控并采集算力节点的性能、功率、能耗等信息，并进行存储；能效调节模块根据节点运行状态，动态设置算力节点的 CPU 频率和功率，从而起到节点运行中调节能效的效果。具体技术原理和算法可参考本书第 3 章提出的功率管理技术，在此不再赘述。

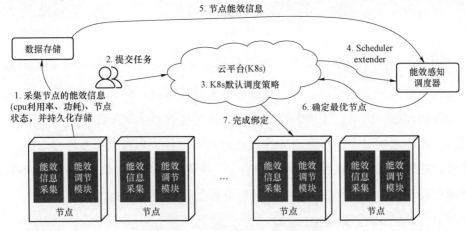

图 8-6　能效感知的调度器流程

能效感知调度器是对 K8s 默认调度器的扩展，能够根据节点能效信息完成用户提交的任务与节点的匹配。下面以一个具体任务的调度为例来说明能效感知调度器的工作流程：

（1）各节点的能效信息采集模块采集该节点的能效信息和节点状态，并进行集中存储。

（2）用户提交新的任务给 K8s。

（3）该任务首先通过 K8s 默认的调度策略完成节点筛选。

（4）通过 K8s Scheduler extender 机制，将符合条件的节点传递给能效感知调度器。

（5）调度器获取节点的能效信息和运行状态。

（6）按照能效感知调度算法，优先将任务调度到能效比较高的机器上。具体算法可采用本书第 3 章、第 4 章和第 5 章提出的算法，在此不再赘述。

（7）最后通过 K8s 完成绑定，将任务指派到选定的节点执行。

8.3.5　数字孪生建模和优化

数字孪生建模和优化模块具有许多创新技术，能够显著提高用户的建模和计算效率，多样的功能使工作交流、结果展示更加方便、灵活，为数据中心制冷系统、综合能源系统的建模仿真、优化设计与验证等，提供一体化、全过程的设计、改造和优化支持。

本节重点介绍建模与求解优化部分内容。

1. 建模

图 8-7 为软件操作界面，界面左侧为建模对象区域，包含了制冷系统建模涉及的所有部件。建模时，可以直接将所需部件拖拽到建模画布，即可完成单一设备的建模。同时，不同的设备上带有各类连接点，例如图中的冷水机组，包含了冷冻水侧与冷却水侧的 4 个进出水接口。各接口可以相互连接，自动完成管段建模。完成建模后，可以选中设备，在界面右侧属性表中输入设备参数，完成所有设备的建模与参数设置后即可进行数字孪生模型的仿真求解。

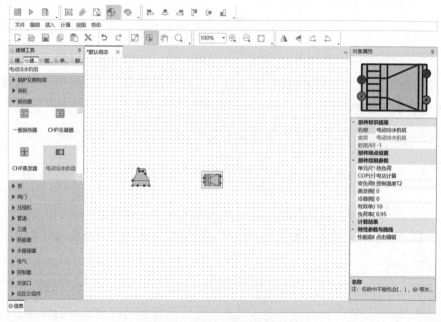

图 8-7　软件建模界面示意图

2. 求解

本工具模块支持自动求解功能，同时亦可手动定义求解参数的设置。参数设置是针对当前激活的模型进行计算条件的设置，如图 8-8 所示，可设置最大允许迭代次数、迭代步长、计算精度、是否采用标称值以及计算的组态。

各参数分别代表如下含义：

（1）最大允许迭代次数：模型计算过程中最多可以允许计算的次数，如果超过该次数还没有平衡，那么停止计算。

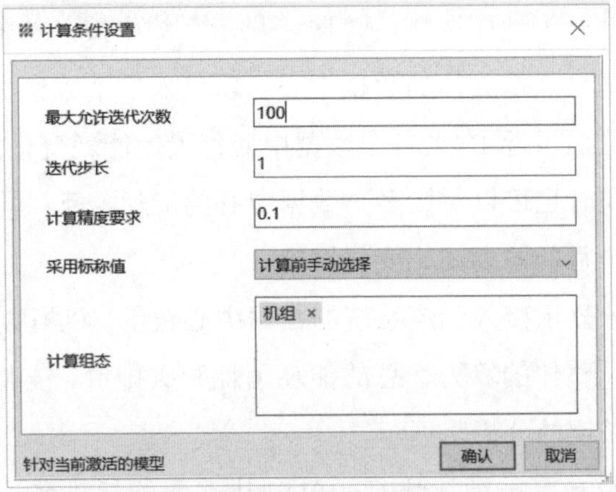

图 8-8　软件求解参数设置

（2）迭代步长：每次迭代计算的步长。

（3）计算精度要求：计算达到平衡的参数（流量、压力、焓值）偏差要求。

（4）采用标称值：当前激活模型的设计模式的工况计算时是否需要覆盖标称值，包括三个选项：是、否、计算前手动选择。选择"是"，则每次计算直接覆盖标称值；选择"否"，则不覆盖；选择"计算前手动选择"，则每次点击计算弹出选项，是否覆盖标称值。

设置完成后即可执行数字孪生模型的求解任务。

3. 优化

优化功能是通过数字孪生模型模拟仿真后得到的参数，分析当前数据中心制冷系统设备运行参数不合理的地方。随后通过对数字孪生模型进行设备参数的优化调整，预测该项变更是否可以达到节能效果，同时利用数字孪生模型的模拟结果，提前检测该变更是否会影响制冷系统安全运行，从而使优化策略更加安全、有效。

8.3.6　用户界面

1. 系统首页

首页是整个系统的入口，对接入到系统的多个数据中心的能耗相关数据进行展示和对比。用户可以一目了然地掌握各个数据中心的关键信息和告警数据情况，各部分展示信息情况如下。

　　首页的主体部分为地图区域，该区域显示系统中接入的各个数据中心的名称和位置信息，用户点击具体的数据中心可以进入单个数据明细页面。

　　能耗趋势部分显示近 10 天各个数据中心每天的能耗变化曲线，掌握每天的能耗消耗情况，同时也可以对比多个数据中心的能耗。能耗同比变化展示近 10 天总的能耗与上个月的同期同比变化情况。

　　系统信息部分显示接入到该系统的数据中心数量、机柜数量、服务器数量，以及新能源占比、整体的算力、总的能耗消耗和碳排量。支持按日、周、月、年进行不同时间长度的分析与展示。

　　排名分析部分包括能效比排行、PUE 排名、能耗排名，支持多个数据中心的能效比、PUE 和能耗的对比排名，从而使用户直观掌握多个数据中心的对比。

　　能耗异常告警部分展示最近发出的 5 条告警记录，方便管理员在首页就能看到系统中报警的设备，告警主要针对服务器和机柜进行告警。

2. 单数据中心能效管理

　　单数据中心展示的是单个数据中心的信息，主要显示了一个数据中心的基础信息（如机房、机柜、服务器数量、温湿度等）和能效相关信息，如能耗、PUE 及其变化趋势、数据中心算力、能效比、新能源占比、耗电量，以及碳排放量等，如图 8-9 所示。

图 8-9　单数据中心能效管理界面

该功能页面的下半部分列出了数据中心内机房的简略信息情况，方便管理员一目了然地掌握该数据中心所属机房的能效信息。这些信息包含机房能效总体信息（pPUE、总功率、平均温度、最高温度、最低温度）、制冷系统信息（设备的总功率、平均回风温度、平均回风湿度、最高回风温度、最低回风温度、最高回风湿度等）和 IT 设备信息（服务器的总功率、平均功率、最低功率和最高功率等）。

3. 机房能效管理

如图 8-10 所示，本功能页面展示了某个机房的算力、能效比、新能源占比、耗电量、PUE，以及碳排量信息。此外，本页面对真实机房的设备摆放布局进行了精确建模与还原呈现，实时显示通过动力环境监控系统采集到的数据，这些数据包括 UPS 动力柜的功率、空调动力柜的功率、机柜的功率和阈值、空调的回风温度和设定温度、温湿度测点的信息，便于数据中心管理员准确掌握机房内部能效相关的传感器数据。

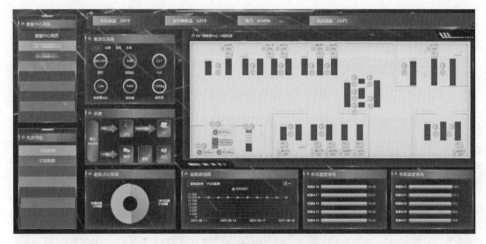

图 8-10　机房能效管理界面

当机房内设备的实时功率超过预设阈值时，页面中相应的设备会呈现出不同的颜色，从而使得管理员可以及时发现能效异常告警，并采取相应措施，确保设备及业务的稳定运行。

4. 机柜能效管理

如图 8-11 所示，通过机房的布局图，可以点击进入机柜页面。本页面展

示了某个机柜的整体运行状态。系统通过 IPMI 接口获取服务器开关机状态,并
展示台账子系统管理服务器的重量、大小等信息。

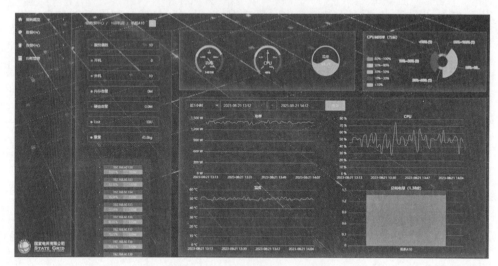

图 8－11   机柜能效管理界面

机柜的整体功率和平均温度通过机柜内每台服务器的功率和温度计算得
到,并展示其变化曲线。

5. 设备能效台账管理

如图 8－12 所示,台账系统是整套系统的基础组件之一,所有页面流程都

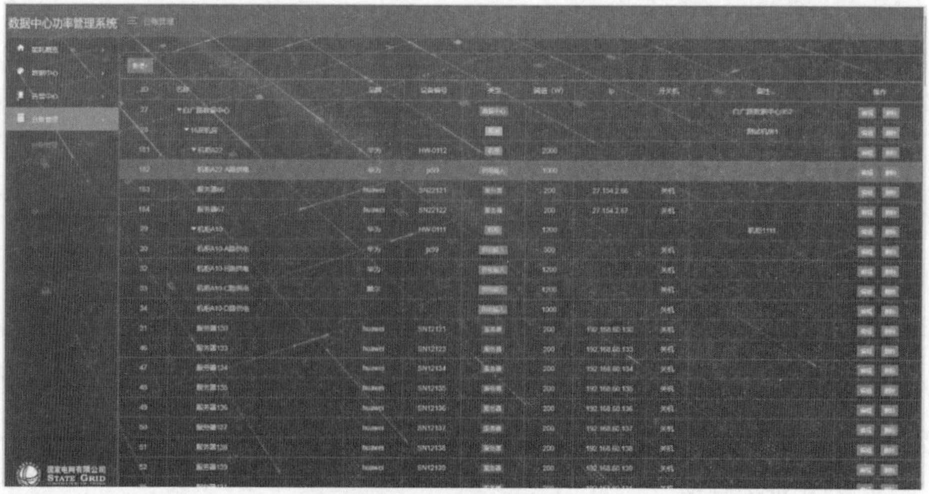

图 8－12   机柜能效管理界面

与台账中的设备结构密切相关。管理员需手工录入数据中心、机房、机柜、工厂设备、交换机等台账信息，如品牌、设备编号、设备功率阈值、IP 地址、开关机状态、备注等。

根据每种设备的属性，需设计相应的台账模板，并且按照数据中心→机房→机柜→工厂设备的层级进行录入和管理。

6. 数据中心功率告警管理

数据中心的设备及机柜、机房均可以设置功率阈值，当实时功率超出预设阈值时系统会发出告警信息，支持系统消息、电话通知等多种告警方式。

管理员在图 8-13 所示的告警中心页面可以对系统内所有的告警信息进行统一管理。告警中心页面对机柜和服务器进行分组显示，方便管理员快速定位功率及能耗异常。系统支持告警信息检索功能，管理员可以具体查看某个服务器或者某个机柜最近发出的所有告警信息。

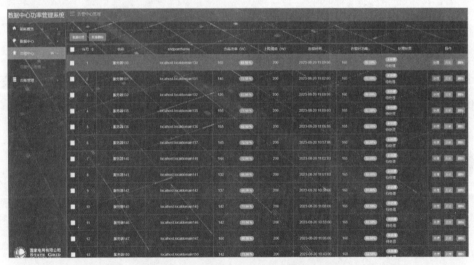

图 8-13　数据中心能效告警管理界面

7. IT 设备功率管理

IT 设备功率控制逻辑根据数据中心服务器的实时功率做出相应的功率封顶决策，确保数据中心供电安全和服务器稳定运行。系统提供了 Web 页面接口展示功率控制动作的日志，如图 8-14 所示。页面中包括了指令类型（功率封顶还是取消功率封顶）、对应的供电线路、额定功率、触发当前动作时的总功率、本次动作的目标功率和执行时间等信息。执行功率封顶动作用绿色（即正数）表示，取消功率封顶动作用红色（即负数）表示。

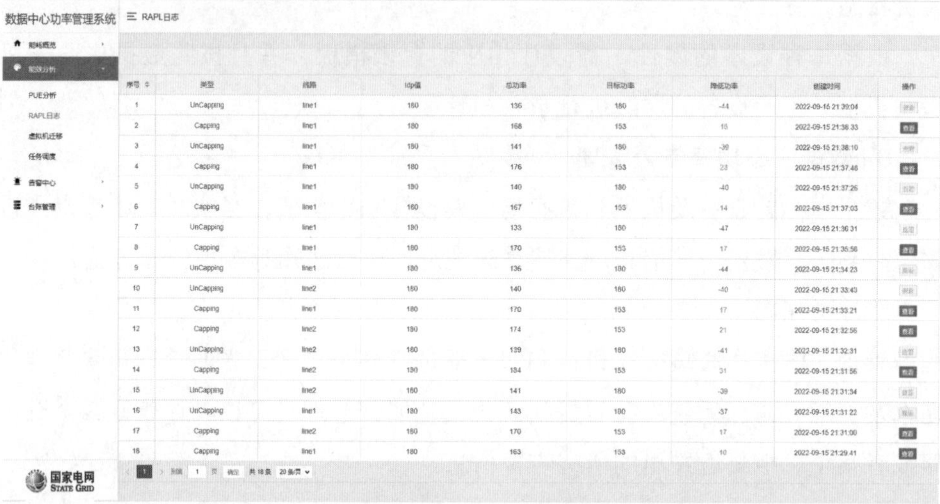

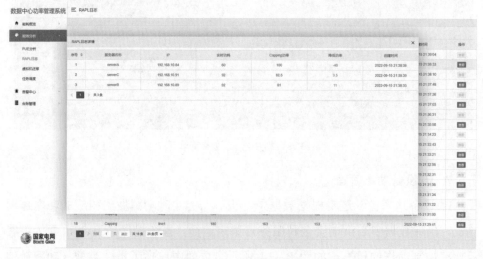

图 8-14 功率管理界面

点击页面上的某一行，可以看到对应的功率控制动作详情，图 8-15 是一个功率封顶动作的详情页面，展示了服务器名称、IP 地址、实时功率、功率变化值以及执行时间等信息。

图 8-15 功率管理界面

8. 制冷系统数字孪生建模和优化

数字孪生建模与优化模块操作界面如图 8-16 所示，界面顶部为功能区，用于进行文件设置、建模图层设置、求解设置等功能设置。左侧为建模对象区，此处按照设备类型进行了分类，找到对应设备后拖拽到建模区即可完成指定对象的建模。界面右侧为属性设置区，选中某一设备后，该区域会显示当前对象的属性，可以在此处对设备进行参数定义和修改。

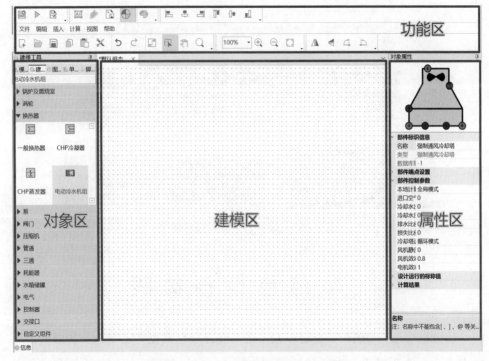

图 8-16　数字孪生模块界面功能分区

将对应的优化项输入模型中，即可通过数字孪生模型预测该项优化的节能效果，以及该优化措施会给整个制冷系统带来何种变化。从而提前评估节能效果，以及安全性。图 8-17 展示了某一工况下数据中心的数字孪生模型计算结果，可以清晰地看到各设备运行能耗，以及各管段的温度、压力、流量等关键参数，可以进行最优参数评估和选择。

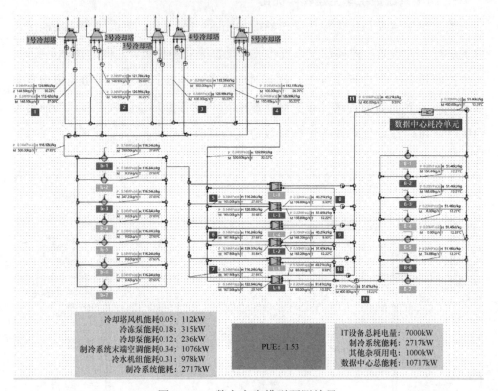

图8-17　数字孪生模型预测结果

8.4　绿色运行实践

　　该数据中心自 2010 年投运以来，认真践行绿色数据中心理念，持续开展数据中心运行能耗优化，进行能耗溯源分析，研究设备运行特性，不断提高系统设备运行效率。随着对设备系统不断调优，机房负荷不断增加，机房负载整体不均衡，系统和设备优化空间逐渐变小，尤其 2020 年以来，数据中心年度 PUE 已经低于设计值 1.6，进一步深化各系统节能降碳，对设备参数调节精度、运行方式优化等提出了更高要求。

　　该数据中心利用本平台的能耗监控和优化成果，对数据中心进行精细调优，由机柜级向数据中心级调节，由气流组织向制冷系统调节，取得了明显成效。经过几年努力，达到了国家数据中心能效一级（节能型）标准。

8.4.1　机柜级节能调节

该数据中心制冷系统是一个整体,由冷水机组为 16 个机房提供冷冻水。单个机房部分机柜热点可能造成整个数据中心空调节能瓶颈。下面以 4-3 机房为例进行分析。

4-3 机房设计单机架额定功率 3.9kW,通过对机房机柜负荷分析,部分机柜运行功率已经超过 4kW,甚至达到 5kW 以上,结合机房气流组织和温度云图,确定机柜负荷高区为机房局部热点区域,为保障业务正常运行,需要对热点区域进行优化调节,调整出风口地板开度,同时减少机柜热负荷低的机柜对应出风口地板开度,确保热负荷高的机柜散热需求。

对 4-3 机房进行环境温湿度、空调运行参数等数据采集,通过 CFD 气流组织仿真软件进行分析,机柜 2m 处冷热气流混合严重,部分机柜垂直温差较大,产生局部热点。

机房温度云图如图 8-18 所示。

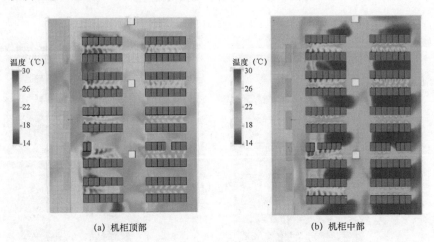

(a) 机柜顶部　　　　　　　　　　(b) 机柜中部

图 8-18　机房温度云图

4-3 机房为单侧送回风方式,存在靠近空调的通风地板气流量较低的现象,此外,第一排送风量相对较低。机房机柜地板气流量图如图 8-19 所示。

根据上述分析,采取了以下措施进行优化。一是对机柜地板出风口进行调节,根据机柜热负荷按需送风;二是在机柜设备间安装高度为 1U 的盲板,减少冷热通道气流混合；三是结合冷通道封闭项目，对机房冷通道进行封闭，减少冷热气流混合，降低冷通道垂直温差。图8-20为优化前后的对比图。

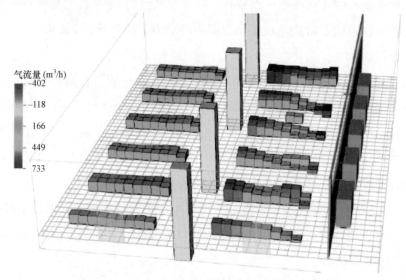

图8-19　机房机柜地板气流量图

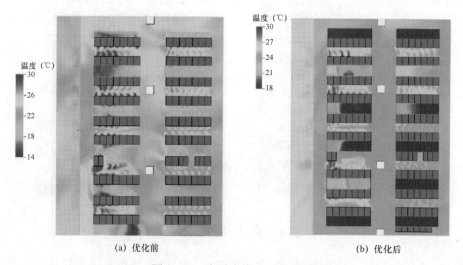

(a) 优化前　　　　　　　　　　　　　　　(b) 优化后

图8-20　机房机柜气流组织图

8.4.2　机房级节能调节

通过对机房的送回风温度的分析发现，不同机房送回风温差较大。这是由于精密空调摆放位置多集中于机房中部，IT 机房内两端能有效接收到的冷量、风量会受此影响而减弱。

机房送回风温差对比图如图 8－21 所示。机房气流组织图如图 8－22 所示。

送回风温差（℃）

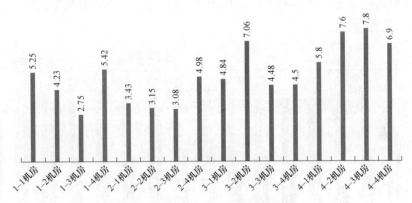

图 8－21　机房送回风温差对比图

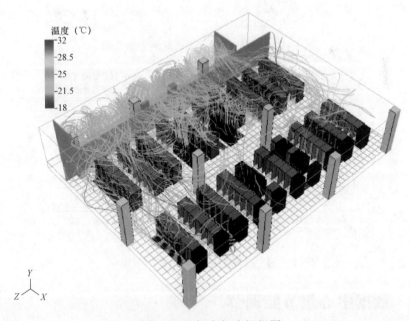

图 8－22　机房气流组织图

结合机房环境温度及供回风温差，对末端空调进行风机调整，各台空调按需、精准送风，降低运行功耗，优化节能。一是降低部分机房空调风机转速比；

二是提高部分机房空调回风温度，提高送回风温差；三是模拟某机房关闭 1 台空调机房温度情况，调整空调运行参数，确保 1 台空调停机不影响机房制冷。

通过上述优化措施，机房日用电量大幅下降，各机房空调总计每日节能约 500kW·h，节能效果显著。

调整后机房送回风温差对比图如图 8-23 所示。冷通道温度调整前后对比图如图 8-24 所示。

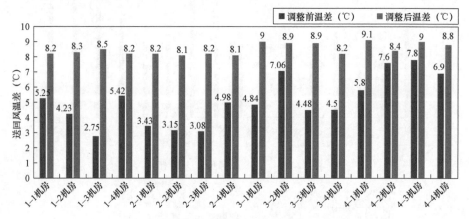

图 8-23 调整后机房送回风温差对比图

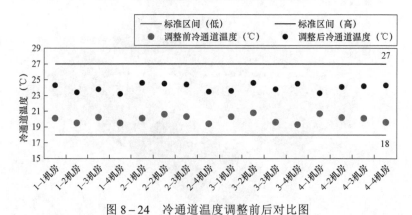

图 8-24 冷通道温度调整前后对比图

8.4.3 数据中心级节能调节

根据冷量需求动态调节水泵运行频率，每小时用电量下降 12kW·h，并保持平稳运行，每日降低水泵耗电量 340kW·h。

调整前后冷冻泵日用电量对比图如图 8-25 所示。

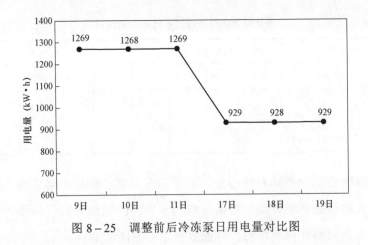

图8-25　调整前后冷冻泵日用电量对比图

2、3号冷水机组各提高0.5℃出水温度后，能耗有较大幅下降（出水温度为9.5℃），两台冷水机组调节后10日平均用电量下降249kW·h。

调整后冷水机组用电量对比图如图8-26所示。

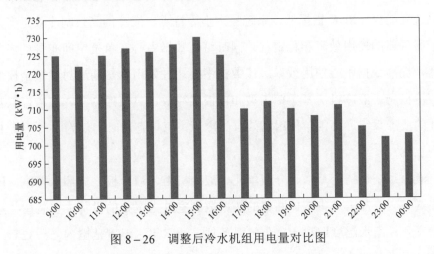

图8-26　调整后冷水机组用电量对比图

8.4.4　自然冷源利用

为了充分利用自然冷源，该数据中心制冷系统安装有板式换热器，它是一种热交换设备，本身并不耗电。每年12月至次年3月，当环境温度低于13℃时，开启全部板式换热器，关闭冷水机组，采用板式换热器和冷却塔组合运行方式，交换室外低温自然冷源给信息机房、UPS、通信机房供冷。根据测算，每天可以节电9000kW·h。全年冷水机组及板式换热器的主要开启见表8-9。

表 8–9 全年冷水机组及板式换热器开启统计

月份	1月	2月	3月	4月	5月	6月	7月	8月	9月	10月	11月	12月
主要设备开启	板式换热器开启，冷水机组全部关闭	板式换热器开启，冷水机组全部关闭	板式换热器关闭，过渡至大中冷水机组	大中冷水机组	大中冷水机组	大中冷水机组	大中冷水机组，加载小冷水机组	大中小冷水机组	大中小冷水机组	卸载小冷水机组	大中冷水机组	关闭冷水机组，开启板式换热器

该数据中心结合制冷系统的实际运行工况制定了数据中心夏季、冬季、类过渡季模式的精细切换策略。根据每年气象条件的精细研判进行模式切换的具体日期，充分利用好自然冷源，降低数据中心的能源消耗。

8.4.5 液冷机房

液冷机房满足高功率密度机柜的散热需求，具有受地理位置影响较小、循环系统耗能少、PUE 指标低、系统噪声小等特点。液冷的高效制冷效果有效提升了服务器的使用效率和稳定性，同时可使数据中心在单位空间布置更多的服务器，提高数据中心使用效率。该数据中心通过采用冷热通道封闭微全模块建设液冷机房。液冷机房基于铲齿型和嵌板式冷板、风液换热器、双水管双水温设计的液冷系统，可常年使用高效自然冷源，每年补冷时间仅为 3 个月，PUE达到 1.187。

液冷系统包括冷却塔、分液单元、液冷机柜、液冷板、循环水管路、风液换热器等。冷却塔是将液体回路的热量散到室外大气中的设备，安装在数据中心的室外，出水温度取决于室外气温条件，通常出水温度范围为 5～32℃。分液单元用于对液冷电子设备间的冷却液体流量进行分配。液冷机柜则是通过冷却液体进出，对电子设备进行冷却的设备，可以将热量全部由水带出机柜。液冷板覆盖在 CPU 等高热部件上的液冷散热器，能够通过水循环直接带走芯片的热量。循环水管路连接冷却塔到分液单元，以及连接分液单元到液冷机柜中的液冷元器件，前者成为一次管路，后者成为二次管路。风液换热器连接一次管路，通过风液换热实现液冷服务器内非直接冷却部件的冷却。

数据中心液冷机房如图 8–27 所示。

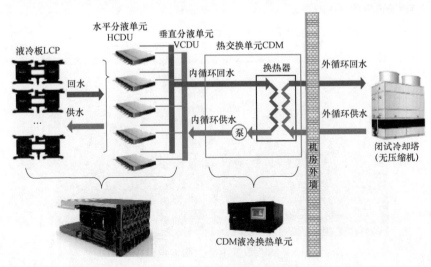

图 8-27 数据中心液冷机房

8.4.6 光伏能源利用

该数据中心探索利用光伏能源为数据中心提供一部分电能，在园区建设实施自发自用的屋顶光伏发电项目。光伏发电系统组成如下：

（1）光伏电池组件：将光能转化为电能的核心组件，通常由硅材料制成，类型包括单晶硅、多晶硅和薄膜电池。

（2）逆变器：将直流电转换为交流电，以便于数据中心和办公楼宇用电。逆变器的效率和稳定性直接影响系统的整体性能。

（3）支架系统：用于安装和固定光伏组件，确保其能够以最佳角度接收太阳光。

（4）配电设备：用于电能传输和分配，包括电缆、断路器和其他电气设备。

（5）监控系统：用于实时监测系统运行状态，提供数据分析和故障诊断功能，确保光伏发电系统的高效运行。

该数据中心建设的分布式光伏发电系统光伏板占地面积 2500 余 m^2，总装机容量 421kW，共安装 580W 单晶硅光伏组件 528 块，为该数据中心一期制冷系统及二期附属楼提供绿色电能。该光伏系统设计使用年限 25 年，预计年发电量 42 万 kW·h，年节约电费 40 余万元，相当于每年节约标煤约 160t，减少二氧化碳排放量约 400t。

数据中心太阳能电池板如图 8−28 所示。

图 8−28　数据中心太阳能电池板

8.5　本　章　小　结

本章基于前面各章的技术和研究成果，设计开发了绿色数据中心低碳运行管理平台，该平台具有监测建模、分析决策和优化执行等功能，形成数据中心能耗的闭环管理，能够及时感知关键影响因素变化和趋势，持续优化数据中心能效指标。系统目前已在数据中心部署应用，并协助该数据中心 PUE 降至 1.5，达到国家数据中心能效一级（节能型）标准。

本书从数据中心基本概念、绿色数据中心与碳核算、IT 设备功率管理、算力资源低碳调度、清洁能源利用与电网互动、数字孪生与制冷系统能耗优化等方面对绿色数据中心低碳运行技术进行了阐述，期望对绿色数据中心的低碳运行工作有所参考借鉴。

为深入贯彻落实党中央、国务院关于碳达峰碳中和的重大战略决策，数据中心领域需要不断引入新技术和新方法，扎实推进碳达峰行动在数据中心的落地实施。当前，新老数据中心系统和设备技术体制差异大、节能低碳与高功率供电等问题交织叠加，节能降碳的技术挑战持续增加。以大模型为代表的人工智能技术快速发展，数智化技术赋能千行百业，对数据中心智能算力性能保障和能源高效利用提出了更高要求。

　　本书介绍的数据中心能耗数据监测分析、智能控制方法、AI 模型与数值计算 CFD 仿真融合等技术，为绿色数据中心低碳运行提供了有效技术支撑。未来，随着国家"东数西算"战略部署深入落实，我国依托新能源的产业与技术优势，将会进一步优化数据中心布局，强化中西部数据中心协调利用及跨区域算力部署、协调与调度。加快研究开发电力调度、新能源利用与算力任务的协同技术与平台，发展绿色算力和数据中心节能降碳新技术、新装备，推动数据中心老旧高能耗设备设施绿色化改造升级，全面监测数据中心基础设施和信息系统的运行状态和碳排放情况，利用人工智能、大数据和数字孪生等技术深入分析运行规律，挖掘数据中心节能降碳潜力，实现数据中心运行过程能耗和碳排放全环节管理，充分降低数据中心能源消耗和碳排放，构筑更加绿色低碳的算力与数据中心体系，对于实现绿色算力与新能源协调发展、互相支撑具有重要的意义。

缩　略　语

缩略语	英文全称	中文全称
AI	artificial intelligence	人工智能
API	application programming interface	应用程序编程接口
ATS	automatic transfer switch	自动转换开关
AVS	adaptive voltage scaling	自适应电压调节
CFD	computational fluid dynamics	计算流体力学
COP	coefficient of performance	制冷系数
CPU	central processing unit	中央处理器
CUE	carbon usage efficiency	碳利用效率
DCIM	data center infrastructure management	数据中心基础设施管理
DCIE	data center infrastructure efficiency	数据中心基础设施效率
DVFS	dynamic voltage and frequency scaling	动态电压频率调整技术
ERE	energy reuse efficiency	再生能源利用效率
GBRT-PL	gradient boosting with piecewise linear regression trees	梯度提升的分段线性回归树
GBRT	gradient boosting regression trees	梯度提升回归树
GPU	graphics processing unit	图形处理器
GWP	global warming potential	全球变暖潜势值
IOA	input-output analysis	投入产出法
IPMI	intelligent platform management interface	智能平台管理接口
IEM	intelligent energy manager	智能能耗管理
K8s	kubernetes	开源容器集群管理系统
LCA	life cycle assessment	生命周期评估法
LC	load concentration	负载集中技术
MSR	model specific register	模型特定寄存器
MPC	model predictive control	模型预测控制
MIMO	multiple input multiple output	多输入多输出
ODS	ozone depleting substances	消耗臭氧层物质
PSO	particle swarm optimization	粒子群算法

续表

缩略语	英文全称	中文全称
PSU	power supply unit	电源模块
PID	proportional integral derivative	比例积分微分
POP	power over-provisioning	功率超分配
PDU	power distribution unit	电源分配单元
PUE	power usage effectiveness	电能利用效率
pPUE	partial power usage effectiveness	局部 PUE
QoS	quality of service	服务质量
RAPL	running average power limit	平均运行时功率限制技术
ReLU	rectified linear unit	修正线性单元
RER	renewable energy ratio	可再生能源利用率
RRD	round robin database	环型数据库
SDDC	software-defined data center	软件定义的数据中心
SLA	service-level agreement	服务水平协议
TDP	thermal design power	散热设计功耗
UPS	uninterrupted power supply	不间断电源
VBP	vector bin-packing problem	矢量装箱问题
VM	virtual machine	虚拟机
VMM	virtual machine monitor	虚拟机监控器程序
WUE	water usage efficiency	水利用效率

参 考 文 献

[1] 许晟. 通信机房风冷空调系统节能技术应用及探讨[C]//中国通信学会通信电源委员会. 2020 年中国通信能源会议论文集. 中国联合网络通信有限公司东莞市分公司网络运营部, 2020: 3. DOI: 10.26914/c.cnkihy.2020.045960.

[2] 车凯. 数据中心"风生水起"液冷技术崭露头角 [J]. 通信世界, 2023（14）: 13 – 15.

[3] 袁慧, 侯娜娜, 李树谦, 等. 数据中心相关器件的浸没液冷技术研究进展 [J]. 能源研究与管理, 2022（01）: 19 – 28.

[4] 潘洋洋, 向军, 肖玮. 基于喷淋液冷系统的数据中心节能降耗研究 [J]. 通信电源技术, 2019, 36（S1）: 192 – 194.

[5] 郑骏文, 张春晓, 宋嘉皓, 等. 数据中心节能降碳创新应用探索与实践 [J]. 电信工程技术与标准化, 2023, 36（S1）: 17 – 22.

[6] 俞中华. 数据中心供配电系统的设计 [J]. 广播电视网络, 2023, 30（11）: 94 – 97.

[7] 吴雷, 郭聪, 田振武. 双碳政策下数据中心节能创新技术研究[J]. 产业科技创新, 2022, 4（06）: 82 – 85.

[8] 许哲. 基于数据中心绿色节能的相关管控技术[C]//天津市电子学会, 天津市仪器仪表学会. 第三十五届中国（天津）2021 IT、网络、信息技术、电子、仪器仪表创新学术会议论文集. 中国电信股份有限公司天津分公司, 2021: 3. DOI: 10.26914/c.cnkihy.2021. 013743.

[9] 冯潇潇. 间接蒸发冷却技术在数据中心中的研究与应用 [D]. 北京: 清华大学, 2019: 1 – 2.

[10] 张礼, 王健, 王琪. 基于 TEC 的服务器芯片散热系统研究 [J]. 通信电源技术, 2019, 36（S1）: 170 – 172.

[11] 张君宇, 宋猛, 刘伯恩. 中国二氧化碳排放现状与减排建议 [J]. 中国国土资源经济, 2022, 35（04）: 38 – 44＋50. DOI: 10.19676/j.cnki.1672-6995.000685.

[12] Change I. Climate Change 1995: IPCC Second Assessment Report [J]. Environmental Policy Collection, 1995.

［13］ 王向阳. 污水处理碳足迹核算及环境综合影响评价研究［D］. 北京：北京建筑大学，2019.

［14］ 周杨，甘陆军，韩方方. 基于生命周期评价的快递碳足迹核算［J］. 物流技术，2021，40（06）：104－109＋142.

［15］ 世界可持续发展工商理事会. 温室气体核算体系：企业核算与报告标准［M］. 北京：经济科学出版社，2012.

［16］ 吴斌. 数据中心空调系统故障检测与诊断研究［D］. 上海：上海交通大学，2018. DOI：10.27307/d.cnki.gsjtu.2018.001632.

［17］ 秦新生. 物流企业碳排放指标计算方法研究［J］. 铁道运输与经济，2014，36（07）：60－65.

［18］ 朱莉. 个人碳排放标准值的估算研究［D］. 四川：西南财经大学，2012.

［19］ 顾鹏，马晓明. 基于居民合理生活消费的人均碳排放计算［J］. 中国环境科学，2013，33（08）：1509－1517.

［20］ 广州大学. 拆除建筑废弃物的碳排放计算方法、系统及存储介质：CN201910584335.5［P］. 2019－09－05.

［21］ 王建民，赵世萍. 简述新一代数据中心全生命周期建设［J］. 信息与电脑（理论版），2014（20）：125－126.

［22］ 郅晓. 绿色低碳建材在建筑领域的应用现状和展望［J］. 可持续发展经济导刊，2022（04）：26－27.

［23］ 李黎，李盼盼. 绿色建筑技术在高层办公建筑节能优化中的应用［J］. 工业加热，2022，51（06）：55－59.

［24］ 肖理文，耿爽，胡术，等. Windows 平台下利用 IPMI 接口的开发探究［J］. 信息技术，2018，42（12）：61－64＋69. DOI：10.13274/j.cnki.hdzj.2018.12.015.

［25］ 蔡积淼. 基于 IPMI 的服务器管理的软硬件设计与实现［D］. 山东：山东大学，2017.

［26］ 林博. 基于 IPMI 的 ATCA 服务器管控的研究与实现［D］. 武汉：武汉理工大学，2015.

［27］ Arsham Skrenes, Carey Williamson. Experimental Calibration and Validation of a Speed Scaling Simulator［C］//2016 IEEE 24th International Symposium on Modeling, Analysis and Simulation of Computer and Telecommunication Systems. IEEE, 2016: 105－114.

［28］ Jaimie Kelley, Christopher Stewart, Devesh Tiwari, et al. Adaptive Power Profiling for

Many-Core HPC Architectures［C］//2016 IEEE international conference on autonomic computing: ICAC 2016, Wuerzburg, Germany, 17 – 22 July 2016. Institute of Electrical and Electronics Engineers, 2016: 179 – 188.

［29］ Connor Imes, Huazhe Zhang, Kevin Zhao, et al. CoPPer: Soft Real-Time Application Performance Using Hardware Power Capping［C］//2019 IEEE International Conference on Autonomic Computing: IEEE International Conference on Autonomic Computing (ICAC), 16 – 20 June 2019, Umea, Sweden. : Institute of Electrical and Electronics Engineers, 2019: 31 – 41.

［30］ Jakub Krzywda, Ahmed Ali-Eldin, Eddie Wadbro, et al. ALPACA: Application Performance Aware Server Power Capping ［C］//2018 IEEE International Conference on Autonomic Computing: ICAC 2018, Trento, Italy, 3 – 7 September 2018. Institute of Electrical and Electronics Engineers, 2018: 41 – 50.

［31］ 杜雅红，郭刚，罗兵，等. 基于动态资源调度算法的数据中心负载均衡方案研究［J］. 铁路计算机应用，2021，30（08）：74 – 79.

［32］ Wang X, Ming C, Lefurgy C, et al. SHIP: A Scalable Hierarchical Power Control Architecture for Large-Scale Data Centers［J］. IEEE Transactions on Parallel & Distributed Systems, 2012, 23(1): 168 – 176.

［33］ Ramya Raghavendra, Parthasarathy Ranganathan, Vanish Talwar, Zhikui Wang, and Xiaoyun Zhu. No "power" struggles: coordinated multi-level power management for the data center ［C］//In Proceedings of the 13th international conference on Architectural support for programming languages and operating systems(ASPLOS XIII). Association for Computing Machinery, New York, NY, USA, 48–59.

［34］ Qiang W, Deng Q, Ganesh L, et al. Dynamo: Facebook's Data Center-Wide Power Management System ［J］. Computer architecture news, 2016, 44(3): 469 – 480.

［35］ IPCC Intergovernmental Panel on Climate Change. Emission Factor Database ［DB/OL］. https://www.ipcc-nggip.iges.or.jp/EFDB/find_ef.php, 2024 – 10 – 20.

［36］ 牛广锋. 大型数据中心 UPS 四母线冗余供电方案设计［J］. 供用电，2017，34（06）：57 – 61.

［37］ Su S, Huang Q, Li J, et al. Enhanced energy-efficient scheduling for parallel tasks using partial optimal slacking［J］. The Computer Journal, 2015, 58(2): 246 – 257.

［38］ Maxime Colmant, Mascha Kurpicz, Pascal Felber, Loïc Huertas, Romain Rouvoy, and Anita Sobe. 2015. Process-level power estimation in VM-based systems. In Proceedings of the Tenth European Conference on Computer Systems(EuroSys '15). Association for Computing Machinery, New York, NY, USA, Article 14, 1–14. https://doi.org/10.1145/2741948.2741971.

［39］ Liu Y, Cox G, Deng Q, et al. Fast power and energy management for future many-core systems［J］. ACM Transactions on Modeling and Performance Evaluation of Computing Systems(TOMPECS), 2017, 2（3）: 1 – 31.

［40］ 何子兰，武利会，罗春风，等. 基于动态电压频率调整的多核处理器功耗分析预测研究［J］. 自动化技术与应用，2023，42（09）: 139 – 142.

［41］ Fawaz A L H, Peng Y, Youn C H, et al. Dynamic allocation of power delivery paths in consolidated data centers based on adaptive UPS switching［J］. Computer Networks, 2018, 144: 254 – 270.

［42］ Varun Sakalkar, Vasileios Kontorinis, David Landhuis, Shaohong Li, Darren De Ronde, Thomas Blooming, Anand Ramesh, James Kennedy, Christopher Malone, Jimmy Clidaras, and Parthasarathy Ranganathan. 2020. Data Center Power Oversubscription with a Medium Voltage Power Plane and Priority-Aware Capping. In Proceedings of the Twenty-Fifth International Conference on Architectural Support for Programming Languages and Operating Systems (ASPLOS '20). Association for Computing Machinery, New York, NY, USA, 497–511. https://doi.org/10.1145/3373376.3378533.

［43］ 李启超. 虚拟化技术在云计算中的应用及设计［J］. 信息记录材料，2023，24（09）: 182 – 184＋188.

［44］ 李奇，赵蔚含. 云计算环境下的服务器虚拟技术研究［J］. 无线互联科技，2023，20（01）: 103 – 107.

［45］ 姚一帆，彭春雷，李而康. 基于模型预测控制理论的无人车辆循迹控制研究［J］. 车辆与动力技术，2022，（03）: 32 – 40.

［46］ 余潇潇，马玉草，宋福龙，等. 数据中心能耗建模及能量调节综述［J］. 电力信息与通信技术，2022，20（08）: 38 – 49.

［47］ 吕依蓉，孙斌，喻之斌. 基于梯度提升回归树的处理器性能数据挖掘研究［J］. 集成技术，2018，7（05）：47－57.

［48］ 陈静，陈焕新，曾宇柯. 基于梯度提升回归树的冷水机组能耗预测方法［J］. 制冷与空调，2020，20（11）：78－82.

［49］ Mukherjee A, Daneshmand M, Grise K, et al. Guest Editorial Special Issue on Smart Cities and Systems: Theories, Tools, Trends, Applications, Challenges, and Opportunities［J］. IEEE Internet of Things Journal, 2023, 10(21): 18448－18451.

［50］ Ou D, Jiang C, Zheng M, et al. Container Power Consumption Prediction Based on GBRT-PL for Edge Servers in Smart City［J］. IEEE Internet of Things Journal, 2023.

［51］ 李波，汪华，钱成伟，等. 应用虚拟化技术建设信息数据中心实现"降本增效"的分析［J］. 网络安全和信息化，2023，（08）：70－72.

［52］ 曲左阳，王伟萌，朱韦桥. 基于马尔可夫性的云原生应用资源动态分配策略的研究［J］. 电子技术与软件工程，2022，（07）：236－240.

［53］ 张晓龙. 无线网络中基于双层博弈的资源分配策略与负载集中技术［D］. 西安：西安电子科技大学，2017.

［54］ Hajiamini S, Shirazi B, Crandall A, et al. A dynamic programming framework for DVFS-based energy-efficiency in multicore systems［J］. IEEE Transactions on Sustainable Computing, 2019, 5(1): 1－12.

［55］ Yeganeh-Khaksar A, Ansari M, Safari S, et al. Ring-DVFS: Reliability-aware reinforcement learning-based DVFS for real-time embedded systems［J］. IEEE Embedded Systems Letters, 2020, 13(3): 146－149.

［56］ Wang B, Sun Y, Zhang T, et al. Bayesian classifier with multivariate distribution based on D-vine copula model for awake/drowsiness interpretation during power nap［J］. Biomedical Signal Processing and Control, 2020, 56: 101686.

［57］ Gupta M K, Amgoth T. Resource-aware virtual machine placement algorithm for IaaS cloud［J］. The Journal of Supercomputing, 2018, 74: 122－140.

［58］ Azizi S, Zandsalimi M, Li D. An energy-efficient algorithm for virtual machine placement optimization in cloud data centers［J］. Cluster Computing, 2020, 23: 3421－3434.

［59］ Xu J, Fortes J A B. Multi-objective virtual machine placement in virtualized data center environments［C］//2010 IEEE/ACM int'l conference on green computing and communications & int'l conference on cyber, physical and social computing. IEEE, 2010: 179 – 188.

［60］ Huang L, Jia Q, Wang X, et al. Pcube: Improving power efficiency in data center networks［C］//2011 IEEE 4th International Conference on Cloud Computing. IEEE, 2011: 65 – 72.

［61］ Backes M, Bugiel S, Hammer C, et al. Boxify: Full-fledged app sandboxing for stock android［C］//24th USENIX Security Symposium(USENIX Security 15). 2015: 691 – 706.

［62］ Shue D, Freedman M J, Shaikh A. Performance Isolation and Fairness for {Multi-Tenant} Cloud Storage［C］//10th USENIX Symposium on Operating Systems Design and Implementation(OSDI 12). 2012: 349 – 362.

［63］ Grandl R, Ananthanarayanan G, Kandula S, et al. Multi-resource packing for cluster schedulers［J］. ACM SIGCOMM Computer Communication Review, 2014, 44(4): 455 – 466.

［64］ Garg V, Jindal B. Energy efficient virtual machine migration approach with SLA conservation in cloud computing［J］. Journal of Central South University, 2021, 28(3): 760 – 770.

［65］ A. KARVE, T. KIMBREL, G. PACIFICI, et al. Dynamic Placement for Clustered Web Applications［C］//International World Wide Web Conference；Edinburgh(GB). 2006: 670 – 679.

［66］ Chekuri C, Khanna S. On multidimensional packing problems［J］. SIAM journal on computing, 2004, 33（4）: 837 – 851.

［67］ 薛松，陈旭，汪玉亭，等. 基于改进多种群遗传算法的多目标资源受限项目调度问题研究［J］. 管理工程学报，2023，37（5）: 167 – 175.

［68］ 陈晓博. 基于虚拟机迁移的数据中心异构负载的能耗优化算法［J］. 江苏通信，2021，037（002）: 100 – 102.

［69］ Wood T, Shenoy P J, Venkataramani A, et al. Black-box and Gray-box Strategies for Virtual Machine Migration［C］//NSDI. 2007, 7: 17 – 17.

［70］ Nathuji R, Schwan K. Virtualpower: coordinated power management in virtualized enterprise systems［J］. ACM SIGOPS operating systems review, 2007, 41(6): 265 – 278.

［71］ Chase J S, Anderson D C, Thakar P N, et al. Managing energy and server resources in hosting centers［J］. ACM SIGOPS operating systems review, 2001, 35(5): 103 – 116.

［72］ 李健涛，王轲昕，刘凯，等. 基于深度强化学习的干扰资源分配方法［J］. 现代雷达，2023，45（10）：44 – 51.

［73］ 胡晟熙，宋日荣，陈星，等. 云边协同计算中基于强化学习的依赖型任务调度方法［J］. 计算机科学，2023，50（S2）：712 – 719.

［74］ 胡朝霞，胡海周，蒋从锋，万健. 基于负载特征的边缘智能系统性能优化［J］. 计算机科学，2022，49（11）：266 – 276.

［75］ 谢旭，张哲，喻乐，等. 基于深度强化学习的微电网内多侧储能协同调度方法［J］. 可再生能源，2023，41（10）：1408 – 1413.

［76］ 孙亮. 基于朴素贝叶斯的新闻分类算法的研究与分析［J］. 信阳农林学院学报，2023，33（03）：108 – 111.

［77］ 高佳曼，徐欢乐. 强化学习在虚拟机资源调度中的应用［J］. 东莞理工学院学报，2022，29（01）：50 – 59.

［78］ 邱亚，颜金尧，陈宇，等. 开源云计算资源调度策略优化研究［J］. 计算机技术与发展，2023，33（06）：8 – 15.

［79］ 陈平，李攀，刘秋菊. 一种负载预测感知的虚拟机合并与迁移策略［J］. 计算机应用与软件，2022，39（09）：128 – 136.

［80］ 杨志明，张峰. 多层线性回归方法在增值评价中的应用［J］. 教育测量与评价，2022，（02）：3 – 11.

［81］ 朱力，韩会梅，翟文超. 基于LSTM神经网络的QPSK智能接收机设计［J］. 计算机科学，2023，50（S2）：790 – 794.

［82］ 严毅，邓超，李琳，等. 深度学习背景下的图像语义分割方法综述［J］. 中国图象图形学报，2023，28（11）：3342 – 3362.

［83］ 田旭. 数据本地化立法的兴起与反思［J］. 大连海事大学学报（社会科学版），2020，19（01）：32 – 40.

［84］ 谢雨良，田雨晴，张朝阳. 面向智能通信和计算的移动边缘分布式学习：现状、挑战与方法［J］. 移动通信，2023，47（06）：48 – 55.

［85］ 郭泽华，朱昊文，徐同文. 面向分布式机器学习的网络模态创新［J］. 电信科学，2023，

39（06）：44－51.

[86]　夏秀峰，张悦，周大海，等. 基于广域网和异构环境的 ODS 数据更新策略［J］. 计算机工程，2006，（17）：147－149.

[87]　杨章静，王文博，黄璞，等. 基于局部加权表示的线性回归分类器及人脸识别［J］. 计算机科学，2021，48（S2）：351－359.

[88]　肖玉麟. 基于小批量梯度下降法的高斯核参数优化［J］. 福建技术师范学院学报，2023，41（02）：149－155.

[89]　陈敏，高赐威，郭庆来，等. 互联网数据中心负荷时空可转移特性建模与协同优化：驱动力与研究架构［J］. 中国电机工程学报，2022，04（09）：1－14.

[90]　李玉玲. 面向需求响应的数据中心负载管理策略研究［D］. 西宁：青海大学，2020.

[91]　黄鼎昌. 面向智能电网的数据中心需求响应策略选择与电力成本优化［D］. 西宁：青海大学，2021.

[92]　Johnwilkes. Borg cluster traces from Google［EB/OL］. https://github.com/google/cluster-data，2024－9－24.

[93]　刘敬玲，黄家玮，蒋万春，等. 数据中心负载均衡方法研究综述［J］. 软件学报. 2021，32（02）：300－326.

[94]　张林锋，李扬，闫龙川，等. 考虑响应不确定性的数据中心需求响应互动策略［J］. 供用电，2023，40（8）.

[95]　余潇潇，宋福龙，周原冰，等. "新基建"对中国"十四五"电力需求和电网规划的影响分析［J］. 中国电力，2021，54（07）：11－17.

[96]　张小根. 韶关地区数据中心项目空调系统方案对比研究［J］. 制冷与空调，2024，24（7）：93－100. DOI：10. 3969/j. issn. 1009－8402. 2024. 07. 016.

[97]　沈康，刘良文，梁宇琪，等. 基于数据驱动理念的数据中心 PUE 压降策略研究［J］. 电信工程技术与标准化，2023，36（S1）：7－11. DOI：10.13992/j.cnki.tetas.2023.s1.007.

[98]　殷平. 数据中心研究（1）：现状与问题分析［J］. 暖通空调，2016，46（08）：42－53.

[99]　殷平. 数据中心研究（4）：关键性能指标、电能使用效率 PUE 和 EEUE［J］. 暖通空调，2017，47（04）：36－45＋135.

[100]　钟杰健，钟志鲲. 数据中心用能管理及发展趋势［J］. 电信工程技术与标准化，2023，36（S1）：23－27. DOI：10.13992/j.cnki.tetas.2023.s1.006.

［101］中国制冷学会. 中国数据中心冷却技术年度发展研究报告 2022 建筑设计［M］. 北京：中国建筑工业出版社，2023.

［102］郭聪，吴雷，王丽. 数据中心空调系统节能改造技术应用［J］. 制冷与空调，2023，23（10）：86－92.

［103］张诚. 数据中心典型冷却设备能效等级提升的节能性与经济性分析［J］. 暖通空调，2023，53（11）：125－130. DOI: 10.19991/j.hvac1971.2023.11.19.

［104］周峰，谷文龙，马国远，等. 数据中心冷却系统研究及应用进展［J］. 制冷与空调，2024，24（2）：63－71. DOI: 10.3969/j.issn.1009-8402.2024.02.012.

［105］郑浩然，张泉，罗灵爱，等. 基于模型预测控制的数据中心水蓄冷冷却系统节能优化模型［J］. 西安工程大学学报，2023，37（05）：61－68. DOI: 10.13338/j.issn.1674-649x.2023.05.009.

［106］周瑜，张炜乐，段婉婷. "东数西算"背景下数据中心碳减排效益分析［J］. 大数据，2023，9（05）：48－60.

［107］卢彬盛，何石泉，符军. 数据中心余热利用现状及其跨季储热前景分析［J］. 节能，2023，42（08）：88－92.

［108］陈冬林，邹安琪，王蕾，等. "东数西算"赋能数据中心可再生能源消纳研究［J］. 情报杂志，2023，42（07）：77－85.

［109］杨韬，王虎. 数据中心空调系统 AI 能力的研究与应用［J］. 暖通空调，2023，53（S1）：232－233.

［110］娄小军，王学军. 数据中心水冷冷冻水系统能效分析［J］. 建筑节能，2018，46（01）：19－22.

［111］刘永彬，杨子靖. 数据中心的绿色建设与维护［J］. 电信网技术，2014，（10）：1－3.

［112］郑锋，顾爱华. 上海交通银行新同城数据中心能效优化决策可视化控制技术的研究［J］. 智能建筑，2022，（10）：87－94.

［113］盛元红. 数据中心机房制冷系统节能分析［J］. 华东科技，2022，（07）：82－84.

［114］赵墨，林坤平. 海口地区数据中心制冷系统节能分析［J］. 暖通空调，2022，52（S1）：51－56.

［115］苏志. 基于 PUE 分析的某数据中心制冷系统优化研究［J］. 制冷与空调（四川），2021，35（02）：162－168.

［116］　钱声攀，邱奔，李哲，等. 数据中心能效优化策略研究［J］. 信息通信技术与政策，2021，47（04）：19－26.

［117］　杨震，赵静洲，林依挺，等. 数据中心 PUE 能效优化的机器学习方法［J］. 系统工程理论与实践，2022，42（03）：801－810.

［118］　许婧煊，林文胜. 数据中心 LNG 冷电联供系统性能的对比分析［J］. 制冷技术，2018，38（02）：66－73.

［119］　牛广锋. 大型数据中心空调制冷系统研究［J］. 制冷与空调，2018，18（02）：29－33.

［120］　王振英，曹瀚文，李震. 数据中心制冷系统冷源选择及能效分析［J］. 工程热物理学报，2017，38（02）：326－332.

［121］　朱瑞琪，谢家泽，吴业正. 制冷系统的综合优化控制模型［J］. 西安交通大学学报，2002，（05）：461－464.

［122］　张乐丰，郑品迪，张林锋，等. 国家电网某机房末端断水温升数值模拟［J］. 暖通空调，2024，54（3）.

［123］　宋杰，贾涛，张林锋，等. 基于智能调节优化的数据中心制冷算法研究［C］//2021电力行业信息化年会论文集. 2021：246－249.

［124］　贾涛，宋杰，张林锋，等. 一种数据中心制冷系统节能运行策略的设计与实践［C］//2021 电力行业信息化年会论文集. 2021：328－332.

［125］　闫龙川，白东霞，刘万涛，等. 人工智能技术在云计算数据中心能量管理中的应用与展望［J］. 中国电机工程学报，2019，39（01）：31－42＋318.

［126］　王继业，周碧玉，刘万涛，等. 数据中心跨层能效优化研究进展和发展趋势［J］. 中国科学：信息科学，2020，50：3－4.